CHULU
TANXUN

TONGSU YIDONG DE
TANDAFENG、
TANZHONGHE

碳出路寻

——通俗易懂的碳达峰、碳中和

卢羿◎著

SPM
南方传媒

广东人民出版社
·广州·

图书在版编目（CIP）数据

出路碳寻：通俗易懂的碳达峰、碳中和 / 卢羿著．—广州：广东人民出版社，2025.6

ISBN 978-7-218-17515-7

Ⅰ.①出… Ⅱ.①卢… Ⅲ.①二氧化碳—排气—研究 Ⅳ.①X511

中国国家版本馆CIP数据核字（2024）第076744号

CHULU TANXUN——TONGSU YIDONG DE TANDAFENG、TANZHONGHE

出路碳寻——通俗易懂的碳达峰、碳中和

卢 羿 著

出 版 人：肖风华

责任编辑：伍茗欣
文字编辑：曾靖怡
责任技编：吴彦斌

出版发行　广东人民出版社
地　　址：广州市越秀区大沙头四马路 10 号（邮政编码：510199）
电　　话：（020）85716809（总编室）
传　　真：（020）83289585
网　　址：https://www.gdpph.com
印　　刷：广州市豪威彩色印务有限公司
开　　本：787mm×1092mm　1/16
印　　张：10.25　　字　　数：150 千
版　　次：2025 年 6 月第 1 版
印　　次：2025 年 6 月第 1 次印刷
定　　价：42.00 元

如发现印装质量问题，影响阅读，请与出版社（020-85716849）联系调换。
售书热线：020-87716172

前言

　　人类及其祖先来到这个世上已经很久了，但气候一直没有给过我们发展壮大的机会。一万多年前，在历经了数千万年才苦等到的这个珍贵的宜人气候期，我们如鱼得水，很快便孕育出了文明；此后，经过数十代人的不懈摸索，于最近一百年进入了飞速发展的阶段。讽刺的是，正是最近三代人飞速且不可持续的发展，将难得的发展机遇期的时间窗口不断收窄，进而导致当代人需要与时间赛跑，在节能降碳中寻求一条出路。

　　从积极的角度看，如果当初没有在那个时间点启动工业化，而是在封建王朝的更替中再延续数百上千年，那么有朝一日当地球自发掐断这个发展机会期时，缺乏现代科技的后代人将毫无准备。既然工业化的浪潮不可阻挡，早吃堑早长智，也未必是一件坏事。

　　关于这一次气候变化是不是主要由人造成的、是什么人造成的，国际上还存在许多争议的声音，但其实这些争议都无关紧要。种种迹象表明，最起码，人类活动正在促进气候变化，

而愈演愈烈的气候变化，正使得地球环境加速脱离宜人期，这一既定事实才是我们所应当关注的。时间已如此紧迫，以至于我们能在不远的将来逃离黑暗命运的概率本就十分渺茫，还哪来的时间精力甩锅推责？如果当代人仍旧缺乏足够坚定的意志、构建不起团结的国际关系、不具备先进并高度共享的技术去给自己"擦干净屁股"，那么在这场生存斗争中人类必将一败涂地。

这绝不是在说丧气话，而是要告诉大家：道路必定充满曲折，前途是否光明尚未可知，但彻底躺平必败无疑。气候变化就是一部发生在现实世界中的灾难片——有那么一大群飞向地球的小陨石，或早或晚，或轻或重，都会精准地砸在每个人家里。外国有句谚语叫"房间里的那头大象"，它比喻那些避无可避却被众人一再忽视的事实真相，用来形容气候变化议题在国际社会中的状况真是恰如其分。气候变化议题被例行公事般在不同场合提起得有多频繁，该年世界气象组织发布的全球气候状况上的数据就会变得有多难看。与此同时，这头大象可不会一直安静地待在房间的角落，它时不时就要起身活动筋骨，顺便坐扁几个脑袋。

由此，本书不仅关注了全球气候变化的现象、成因、对策以及大众能助力的项目，也强调了人类需要适应气候正发生变化的世界，直至事态发生变化——或成功调控环境，或成功闯出地球这个摇篮，或大自然因为某种原因开始自发降温，不过，第三种情况大概率也会带来诸多问题，前景并不乐观。

　　与几十年前相比，各类实例正更加频繁地发生在身边，最直观的感受就是那句常挂在嘴边的"今年夏天也太热了吧"。这些实例令人很难不联想起那些隔三岔五就出现在新闻中、看似遥远的词汇——气候变化、碳达峰、碳中和。其中碳达峰作为碳中和的中期标志性目标，碳中和作为减缓气候变化的重要手段，两者逐渐成为普罗大众关注的焦点。碳中和的目标是在未来几十年内将全球温室气体净排放量降至零，并试图在全球范围内实现可持续发展。在中国，碳中和这样一项庞杂的系统工程涉及千行万业，不仅已渗透到了许多人的工作细节中，还影响着老百姓的生活方式。

　　为了消除更多人，包括学生群体对碳中和这一重要现代概念的陌生感，笔者编写了本书。本书涵盖了碳中和的多个方面，包括碳达峰与碳中和的定义、碳排放的来源、节能降碳技术、人工碳中和技术、相关政策、碳市场等。在编写过程中，笔者充分考虑了读者的需求和兴趣，力求让内容简明、通俗、易懂。

　　笔者希望通过这样一本小书，一方面向在职读者们提供一些启发，帮助他们更好地理解当下一些标准、工艺、流程、制度、政策的变化，并予以更加积极的响应与支持；另一方面激发学生读者们对环保、能源、冶金、化学、机械等碳中和相关专业的兴趣，将来以各种形式直接或间接投身中国碳中和事业中去，在开拓创新、优化管理以及制定更加灵活有效的政策等方面发挥作用。

需要注意的是，本书主要使用 2019 年 1 月至 2023 年 7 月的数据，鉴于这段时间受疫情和经济衰退等因素影响，全世界人类活动不仅没有更加活跃，反而略有停滞，因此，在不出意外的情况下，这些数据到 2030 年前仍将具备一定时效性。来日若有机会再版，笔者将为大家带来更新、更具参考价值的数据与案例。

本书在撰写后期，有幸获得了华南理工大学原校长、俄罗斯工程院外籍院士刘焕彬教授的指教。刘校长年逾八旬，仍关心科普事业。在逐字逐句审读书稿后，刘校长提出了大量宝贵的修改意见，并谆谆教诲，极为耐心地指导我具体如何修改。刘校长奖掖后进、不遗余力，令我动容。暨南大学谢光辉教授慨然应允为这本小书题签。在此向刘校长和谢教授致以诚挚的感谢。

既然全球气候变化各有人祸与天灾的成分，那么按照中国人的处世原则，自然要尽人事、听天命。在气候变化议题上，我们在积极与世界各国携手合作、共同应对的基础上，身先士卒，埋头苦干，尽力拿出漂亮的成绩单，成为国际上的榜样，并与全球分享理念、做法和技术。只有这样，或许有朝一日，人类才能逐渐团结起来，实现全球碳中和。倘若全力以赴，仍无法阻挡气候变化的趋势，那么届时我们更应团结起来，在剧变的天地间继续图存。

卢羿

2023 年 12 月

目录

第三章 碳往何处去——节能降碳与负排放技术

第四章 碳中和，全球与我在行动

结 语

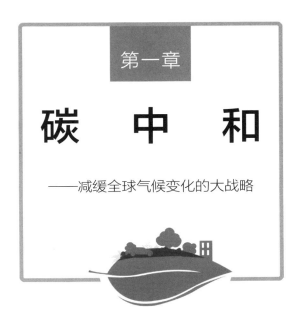

第一章

碳　中　和

——减缓全球气候变化的大战略

一、全球气候变化与相关现象

　　有哪些灾难正在我们身边发生?

二、温室效应与温室气体

　　引起这一切现象的原理又是什么?

三、亡羊与补牢

　　人类造了什么孽,又该怎么办?

一、全球气候变化与相关现象

（一）全球气候变化

我们当前正在经历的这一波全球气候变化，其最主要特征便是平均温度上升，其相关现象都是这个特征的直接或间接结果。自工业化以来（以1850—1900年这段时间为节点，下同），全球平均气温已升高1.11℃。注意，这里说的是平均气温上升，而非各地同步上升相同的幅度。受地形、水体等因素影响，有的地区散热快，升温不到1.11℃；有的地区散热慢，升温不止1.11℃。由此造成高温气候现象发生频率上升，低温气候现象发生频率下降。尽管大方向是变暖，但"变暖"并不足以全面、准确概括这一状态，故措辞上使用"变化"更为妥当。

（二）生态变迁

全球变暖的首要影响，是会对各地区的环境造成差异性冲击。举个例子，许多人可能会感到奇怪，为何大象这样一种明明今天在中原地区仅分布于动物园的动物，会在中原古文明遗存中具有如此主流的地位。这是因为今天中原地区的平均气温与北宋前期相当，而在此之前还要高出2℃~3℃，所以商周时期的黄河流域曾生活着许多野生大象。河南省之所以简称"豫"，有一种解释即为"牵象之地"。此后由

◎ 西双版纳野象谷中嬉水的大象

于温度下降，象群逐渐南迁。如果不是人类开拓占据了这片土地，或许现在有机会看到大象重返河南，甚至继续北上。

能开溜的动物选择迁徙，不长腿的植物也会用后代的迁移这种方式表明自己对特定温度的喜好。诚然，有不少植物喜欢向阳而生，但气温一旦超过40℃，它们的生长速度也会急剧降低。昆虫因为温度升高提前从冬眠中醒来，而一些以昆虫为食的候鸟却未来得及返乡，诸如蝗灾便会频发。由此可见，当一个地区的温度升高，其上承载的生态系统也会随之改变。适应者安然自在，不适者黯然离场。在合理范围之内，这是自然的物竞天择，但如果步子迈得太大，一旦生态多样性遭受沉重打击，就可能导致物种灭绝，进而使得食物链如多米诺骨牌倒塌般断裂，从而水土流失，原本茂密的丛林也可能会化作荒芜的沙原。

◎ 山西大同土林景区的地表，数万年前此地也曾水草丰茂。

（三）极端气象

升温的影响还会在相邻地区之间乃至遥远地区之间产生互动。全球气候变化给人类带来的最大危害，其实在于其对各地区的影响不均衡。举例而言，相邻的甲地原本只比乙地的平均气温高 2℃，经气候变化影响，甲地升温 3℃，乙地升温 0.5℃，温差一下子就提高到了 4.5℃。这还只是平均值，在某些特殊时刻，原本 6℃的极端温差，相较气候变化前，会更容易被放大到 10℃，这就为各种动辄横跨上百公里的极端气象的生成提供了充分的条件。

加剧的温差在大气圈中反应最为敏感，毕竟哪里有温差，哪里就有风；哪里有极端的温差，哪里就会产生台风、龙卷风。温差大的空气与温差大的海水共同作用，便有了风暴潮、水龙卷、厄尔尼诺和拉尼娜现象。这些灾害严重威胁海上资源采集、贸易和沿海地区人民的生命、财产安全。洪水再滔天也有退却的时候，但只要成因尚在，灾害卷土重来的频率就仍将居高不下。

2021 年 7 月下旬，河南省发生特大降雨，其引发的洪涝灾害给人民生命财产造成重大损失。就在同月，德国发生洪涝灾害，英国发生洪涝灾害，中国塔克拉玛干沙漠竟也发生洪涝灾害。这都是极端降雨现象在世界各地频发的典型案例。

2022 年，国际自然灾害常设观测网站共记录全球极端天气灾害事件 891 起。慕尼黑再保险集团表示，2022 年是自然灾害损失赔付额最高的年份之一。世界气象组织指出，2022 年 8 月，巴基斯坦由于季风降雨导致严重洪灾和山体滑坡；同一时间，乍得也遭遇前所未有的洪灾，超过 34 万人受到影响；南非东部 4 月遭遇近 60 年来最强降水，人员伤亡惨重，超 4 万人无家可归。美国国家海洋和大气管理局的报告指出，2022 年极端天气在美国累计造成至少 1650 亿美元经济损失及

大量人员伤亡。[①]

（四）水循环增强

怕热的当然还有作为地球水塔重要组成部分的冰川和冻土。冰山断裂，漂浮进入大海；冰川在温度升高的情况下加速融化，融水流入河流，最终汇入大海。而冻土解冻还会释放大量远古时期固定的碳，且冻土解冻会改变其物理特性，影响地表结构。这些过程都会共同作用造成海平面上升。大家可不要以为海平面上升只会让你家的山景房变成海景房那么简单。除了淹没滩涂、红树林、部分岛国和沿海发达地区，海平面上升还会造成海洋表面积变大，蒸发量也随之增大。加上本来升温就会使蒸发量增大，大气中增加的水汽还会进一步增强温室效应，在这样的正反馈之下，全球水循环被大大增强，然而因为冰川、冻土减少，高海拔地区缺乏储水能力，结果就是涝时涝死、旱时旱死。频繁的干旱、暴雨、冰雹与洪水对河流流域粮食产区的亩产量影响很大，甚至会使农民白忙一季却颗粒无收。

自二十世纪八十年代以来，仅次于南极冰盖的世界第二大冰盖——格陵兰冰盖所处的格陵兰岛每十年约升温 0.8℃，比全球变暖的平均升温速度快 4 倍。美国国家冰雪数据研究中心数据显示，仅在 2022 年 7 月 15—17 日，格陵兰冰盖每天流失冰量达到大约 60 亿吨，足够填满 720 万个奥运会规格的游泳池。

打个比方，就如大家在食堂秩序井然地排队打饭，没轮到的人在后方排成的队列就相当于冰川与冻土，在窗口前打饭的人就相当于正在河流中流淌的水。如果大家都不排队了，而是乱哄哄地挤到窗口前

[①] 《以更强有力的行动应对气候变化》，《人民日报》2023 年 1 月 30 日。

抢着打饭，而且人数还比之前排队时多，届时会发生什么，不难想象。

海洋表层海水温度上升，本来会降低对二氧化碳的溶解度；但由于有更多的冰化成水，和海水本身的受热膨胀，海洋整体对二氧化碳的溶解量反倒增大。大气中又正好增加了那么多游离的二氧化碳在找去处，于是将有更多的二氧化碳溶解于水。这样一来，就会造成海水酸化，威胁海洋生态平衡。在这样的海水中，以碳酸钙构成壳体的海洋生物如蛤蚌、贻贝和扇贝，轻则生长发育不良，重则濒临灭绝。连鱼的视力都会受到酸化海水的侵害。如果平均气温较工业化前再升高2℃，海水温度的升幅将足以触发大规模珊瑚白化，对珊瑚礁的生存构成严重威胁。同时，变暖的海水还会降低氧气的溶解度，使得海水缺氧，海洋生物被迫往两极方向逃难。

总而言之，全球气候变化导致的现象是非常错综复杂的，既具备地区性，也具备全球性，涉及大气圈、海洋圈、生物圈，这些圈层相互影响、相互促进；有的短期而剧烈，有的长期而深远，但共同的特点就是各类气候变化现象发生的频率增加，不利于全新世大多数生物的生存，包括人类。局部地区也许能从中受益，如更加温暖的俄罗斯大地可以提供更多的粮食产量，但受害地区的人口更多、面积更大，最终也会危及那些受益地区的利益。

小问题

什么是珊瑚礁白化？珊瑚礁白化与全球气候变化有什么关系？

二、温室效应与温室气体

（一）温室效应

地球外部圈层的热能除了少部分地热以外，几乎全部源于太阳辐射。太阳辐射的成分按各自携带的能量可大致分为 43% 的红外线、50% 的可见光和 7% 的紫外线，波长依次缩短，且绝大部分是短波辐射（波长分布在 300 纳米 ~ 3000 纳米之间的近红外线、可见光、长波紫外线及小部分中波紫外线）。当一缕阳光照向地球时，约 30% 的太阳辐射经散射、反射又回到了宇宙空间，微信启动页上的小人所看到的就是这部分光。其余部分约 20% 被大气吸收，约 50% 被地表吸收。同时，根据普朗克黑体辐射定律，被加热的大气和地表也会相应发出长波辐射（波长大于 3000 纳米的远红外线）进行散热。但大气对长波辐射的吸收能力比短波辐射强，这使得前者没那么容易穿透出去，而是会在地表与大气间来回折腾。这就形成了一个具备时空滞后性的保温机制，使得昼夜的温差不会像月球那样可怕。

这件神秘"保温服"的工作原理是这样的：地球大气主要由氮气、氧气和氩气组成，三者的体积占比达到了 99.9% 以上。但远红外线在这三种气体面前都来去自如，就像在城里乡间的免费道路上自由穿梭；真正能够吸收、阻挡远红外线，发挥"保温"作用的，主要是大气中的次要成分，其中多数都是拥有偶极矩的红外活性分子。《联合国气候变化框架公约》便用"大气中那些吸收和重新放出红外辐射的自然的和人为的气态成分"定义"温室气体"。它们就像蔬菜大棚上的塑料薄膜一样，能将地球不断外泄的能量截留相当一部分下来，即温室效应。温室气体在大气中散布得越多，红外辐射的穿透率就越低，温室效应就会越显著。

地球外部圈层每时每刻都有能量入账，又有能量出账，当地球外部圈层能量入得多时，升温就快，升温快进而导致能量出得多；当地

◎ 温室效应图解

球外部圈层能量入得少时，升温就慢，升温慢因而能量出得少。假定在最近一百年间，地球接收到的太阳辐射强度的变化可以忽略不计，那么地球就应当处于一个热平衡状态。这本身不是温室气体能影响的物理规律，但如果没有温室气体和水体的存在，热平衡机制将会呈现直球进直球出的局面（可以参照月球的情况）。所以，温室气体可以被理解为一面被打碎并散落在大气之中的镜子，无论是来自地球向阳面还是背阳面的长波辐射，只要被它们逮到，就有一定概率将一部分能量同样以长波辐射的形式反射回去。简而言之，温室效应降低了昼夜温差，并使地表在能量收支动态平衡状态下的平均气温显著上升。在工业化前地球能量收支的那个平衡点上，平均气温因含量相对稳定的温室气体提供的温室效应提高到了 13.7℃左右。

这就像一个孩子侧身躺在床上睡觉，床东侧开着一台小太阳电暖炉取暖，西侧则开着一台电风扇散热。孩子每过 10 分钟都会翻个身。如果他什么都不盖，那想必就会东面热西面冷。如果给他盖上一层 10 毫米厚的毛毯，既能吸纳东面的热量，也能减弱西面的散热，自然舒适多了。如果给他盖 13 毫米厚的毛毯，又会怎样呢？是不是正面更能吸热，背面就更难散热了呢？如果再换床 15 毫米厚的毛毯，这孩子会不会开始觉得闷了？

工业化以来，随着人类活动的陡然增强，大气中的温室气体含量更高了，截留热能的能力也随之增强。尽管气温上升，大气与地表的长波辐射会相应增强，但也更容易被变多的温室气体遣返回去。于是，旧的平衡点渐渐朝着新的平衡点偏移。在 2021 年地球能量收支的某一特定平衡点上，平均气温达到了 14.8℃。这 1.11℃（误差为 ±0.13℃）的平均气温增幅，就是前文所说的全球气候变化最主要的特征。[①]

---

① 世界气象组织：《2020 年全球气候状况报告》。

◎ 对于平衡点的偏移，可以这样理解：一台水平放置的摆钟，摆锤总是以6点钟为中心左右摇摆（平均而言指向6点钟方向）；后来，房子的左侧因地下水枯竭发生了地陷，摆钟随之向左倾斜。但由于地心引力方向不变，摆锤便逐渐转为以7点钟为中心摇摆。我们便可以说，随着地陷的逐渐加剧，摆锤的平衡点从6点钟逐渐向7点钟偏移。

（二）气候变化史

其实在这46亿年间，地球就曾经历过无数次剧烈的气候变化，气候稳定且温度适宜的时期反倒显得弥足珍贵。这绵延万年的"万类霜天竞自由"并非常态，顽强求生才是生命乐章的主旋律。

最初，地球只有由氢气、氦气组成的原始大气，由于成长期的地球的质量还不能提供足够的引力，在太阳风的吹拂下，原始大气很快就耗散掉了。后来随着超级活跃的地质运动，巨量的以水汽为主、二氧化碳为辅，还含一些氮、硫元素的气体通过火山喷发冲上云霄，这些气体构成了次生大气。随着来自太阳的紫外线将一部分水汽光解产生氧气，小部分氧气在紫外线的作用下形成可以抵御紫外线的臭氧，生命也渐渐获得了在海洋和陆地繁荣的有利条件。

一代又一代古生物不仅顽强地适应了古地球的恶劣环境，还深刻地改变了这颗星球的地表、海洋与大气。它们生前凭借不屈不挠的精神，从大气中摄取大量碳、氧元素，打造了一个绿意盎然的生态圈，死后还为子孙留下了一笔庞大的遗产——化石能源[1]。它们前赴后继，世代演化至今，才为其智慧的后代——人类换来了一个崛起与繁荣的机会，至于日后的持续发展之路，则要靠人类自己去开拓。

氮元素，尤其是其单质氮气既不易发生化学反应，也不易溶于雨水，反倒在现生大气中留存最多。仅仅在偶尔雷雨交加的时候，氮气会与氧气在高温下反应产生一氧化氮，一氧化氮与氧气反应生成二氧化氮，二氧化氮溶于雨水，与地表物质进一步反应形成各类氮肥。这也是春雷滚滚的惊蛰后，万物生发的主要原因之一。

在大气发展至今的过程中，至少经历了五次大冰期。前寒武纪末期，温室气体稀少，地球上又覆盖着厚厚的冰层，来自太阳的温暖来不及驻留就被反射了出去。在严寒之中，生物难以发展进化。后来随着空气中二氧化硫的消散、温室气体的增多，地表逐渐变暖，冰层融化。在这样的宜居环境下，便迎来了寒武纪物种大爆发。然而，二叠纪时期，在各种原因叠加下，温室气体大量进入大气，导致了一场旷日持久的全球变暖。全球变暖使得陆地干旱，海洋缺氧，此前大部分物种在二叠纪大灭绝事件中走向灭绝。

◎ 银杏（*Ginkgo biloba*），银杏纲银杏目银杏科银杏属银杏种，现存最古老的树种之一。该纲曾经历过二叠纪大灭绝，最后仅有银杏一支独苗存活至现代，从它的分类名就看得出来。

---

[1] 也有理论（无机假说）认为化石能源的成因与大规模生物活动无关，或生物并非其中主因。本书采用有机假说，即煤炭、原油和天然气等矿产资源主要由古生物遗骸（化石）随着地质运动缓慢转化形成，故冠以"化石"能源之名。但这并不代表作者支持有机假说。

这充分说明，温室气体是一把双刃剑——它既可以使地表足够温暖，避免被冰雪覆盖，也可能使地表过于炎热，浮冰统统融化。只有大气成分维持平衡，生命才能在天地间蓬勃发展。而在距今一万两千年左右（第四纪大冰期的亚冰期——末次冰期结束，更新世与全新世的分界）到工业化前（恰逢上一个小冰期结束）这段时间，大气的温室效应对于现存生态系统而言，正处于一个恰到好处的绝佳平衡期，直到人类点燃了工业文明的火种。

另外，以宏观尺度论，气候之所以会如此动荡，本质上在于地球吸收到的太阳辐射功率并非恒久不变，而是会波动。

从外因看，太阳黑子的活跃度会影响太阳辐射强度，进而影响地球气温，这是客观存在的现象。在工业化前的小冰期，恰逢道尔顿极小期（1790—1820 年），在极小期内人们观测到的太阳黑子比平常要少得多，那段时间的平均气温也确实进入过一个小低潮。而自道尔顿极小期以来，太阳黑子一直都保持着常规活跃水平。

从内因看，地球的形状像一个橘子而非完美球体，会因为以万年为单位的周期性改变自转倾角、轴向进动和公转轨道离心率，导致向阳面的表面积不断变化，而单位时间内接受的太阳辐射总量与表面积成正比。自转姿态上向阳面积越大、公转轨道上离太阳平均距离越近，便越热；反之则越冷。尽管地球在太阳辐射覆盖的范围内所占的面积仅为 22 亿分之一，但 25 亿分之一和 20 亿分之一总归还是有区别的。

但以微观尺度论，上述变化毕竟周期十分漫长，而地球刚刚从上一个小冰期中走出来，仍处于第四纪大冰期期间，照理说相对还是凉快的，要知道南极有冰盖的时段（大冰期）在地球历史中占比还不足 15%。我们更应关注的是这近两个世纪以来，尤其是近半个世纪发生的气候异常，而太阳辐射强度在这相对短暂的时间内的变化并不足以产生如此大的影响。

（三）温室气体

温室气体按大气含量排序主要包括水汽（H_2O）、二氧化碳（CO_2）、甲烷（CH_4）、氧化亚氮（N_2O）、臭氧（O_3）以及一些氟化物气体。

就对温室效应的整体贡献而言，水汽才是顶梁柱，尽管其温室效应仅为二氧化碳的 2 ~ 3 倍，但架不住它量大，且源源不断。好在水汽容量有上限，局部攒足了会形成雨水落回地面，平均循环周期为 10 天。水汽主要蒸发自水体，以及火山喷发，而且来自工业的水汽比例极小，可以忽略不计，并且，工业产生的水汽难以人为控制。但需要注意的是，气温每升高 1℃，大气就可以多保留大约 7% 的水汽。大气水汽含量的增加放大了温室效应，因此大气增暖幅度提升，这一过程被称为水汽反馈。在前文提过的大冰期的那些极寒时段，整个地球被冰雪覆盖，蒸发（升华）强度跌入谷底，大气变得干燥清澈，温室效应大打折扣，气温进一步降低。水汽在气候系统中扮演着复杂的角色：在气候相对稳定时，水汽发挥着温室效应压舱石的作用；当全球气候出现变暖或变冷趋势时，水汽都会发挥加速剂的作用。

臭氧则是一种有益的温室气体，绝大部分对生物有害的紫外线，如全部的短波紫外线和 90% 的中波紫外线都会被它和其他一些温室气体所吸收。保护臭氧层对人类而言十分重要，而臭氧层空洞在各国的努力下也已在逐渐修复中，其对人类和生态系统的威胁正逐步降低。

《联合国气候变化框架公约》第三次缔约方大会（COP3）所通过的《京都议定书》将二氧化碳、甲烷、氧化亚氮、六氟化硫（SF_6）、氢氟碳化物（HFCs）、全氟碳化物（PFCs）定为需要控制的温室气体，这是因为上述气体在大气中滞留时间长，且排放量很大程度上可以人为控制。

大气中的二氧化碳十分稳定，尽管它可能溶于雨水，但概率太低，滞留时间预计可以长达数百到数千年。换言之，哪怕人类文明今天就去工业化，或者实现碳中和，也需要等到数千年后才能自然恢复到工业化前的水平。毕竟，自工业化以来，在超过51%的二氧化碳增量中，大部分都是人类的手笔。铁证在于大气二氧化碳中的碳-14的比例在快速下降，这一现象表明兑入了大量只有化石能源燃烧才能快速释放的碳-12。因此，二氧化碳是头号需控温室气体的原因就在于其量大、寿命长且高度可控。全球变暖潜能值（global warming potential，GWP）以二氧化碳为参照单位，GWP值即温室效应贡献多少倍于同等质量二氧化碳。

大气中的甲烷平均寿命8年，GWP 28～36，相对来说，更高（但尚处可接受范畴）的温度有利于生物活动，再加上工业化以来人口激增对扩张农业活动的急切需求，生态圈的生物质总量有所增加。而微生物对生物质的无氧分解活动形成了主要的甲烷排放源；采矿活动对密闭地质空间的破坏也会释放其中的甲烷。所以甲烷的增量也基本直接或间接来自人类活动。

大气中的氧化亚氮平均寿命120年，GWP 265～298，另外还会破坏臭氧层，增量大部分来自人类活动中涉及氮元素的工业、农业和交通活动。

大气中的氟化物气体主要有：六氟化硫，平均寿命3200年，GWP 22800；氢氟碳化物，平均寿命270年，GWP 14800；全氟碳化物，平均寿命2600～80000年，GWP 7300～12200；此外还有三氟化氮（NF_3），平均寿命740年，GWP 17200。氟化物过去在大气中的含量极低，几乎全部来自人类活动，六氟化硫用于电力设备或涉电工艺，氢氟碳化物用于制冷，全氟碳化物用于医疗，三氟化氮用于生产液晶电视显示器、半导体和太阳能电池板。

由于大气中甲烷随时间推移的消耗，实际是向二氧化碳转化，而

其他气体的单位温室效应都可以换算成二氧化碳的单位温室效应，且许多温室气体的产生也往往伴随着二氧化碳的产生。所以，笼统而言，"碳中和""碳达峰""节能降碳"中的"碳"指的就是二氧化碳（所代表的温室气体）。在英语文献中，也往往用"（t）CO_2e"这样的单位（e是 equivalent 的缩写），即"（吨）等效二氧化碳"来作为温室气体排放量的单位。

世界气象组织（WMO）于 2024 年 10 月 28 日发布的《WMO 温室气体公报（2023 年）第 20 期》显示，2023 年主要温室气体的全球大气年平均浓度达到新高，二氧化碳（CO_2）为 420.0 ± 0.1ppm（ppm 为摩尔比浓度 10^{-6}，即百万分之一），甲烷（CH_4）为 1934 ± 2ppb（ppb 为摩尔比浓度 10^{-9}，即十亿分之一），氧化亚氮（N_2O）为 336.9 ± 0.1ppb，分别为工业化前（1750 年之前）水平的 151%、265% 和 125%。中国气象局瓦里关国家大气本底站（以下简称瓦里关站）2023 年的观测数据显示，大气 CO_2、CH_4 和 N_2O 年平均浓度分别为 421.4 ± 0.1ppm、1986 ± 0.6ppb、337.3 ± 0.1ppb。[①]

增量温室气体发挥的作用，可以用一个收税的故事来类比。从前，有个大集市，处于四国交会之地，贸易活动非常频繁。国王规定在集市里发生的任何一笔交易，都要缴纳营业额 2% 的税金。毕竟往来的商人都狡猾得很，没有人会乖乖按规定主动足额纳税，于是国王便派遣100 名税务官到集市监督，在交易现场收税。他还让典狱长指派若干名囚犯假扮成守卫的样子，每天轮班站在门前数进出的骆驼和马匹。到了某年年底，集市实际产生了 170000 枚金币的交易额，应收 3400 枚金币的税。然而，由于交易情况复杂，这数据无法准确统计，只知道实际仅收到 2000 枚金币。次年初，大臣献计，多培训 50 名税务官，

---

① 《2023 年中国温室气体公报》，中国气象局 2024 年 12 月 9 日。

再从王城调度来 3 名资深的精英税务官。结果到次年年底，从骆驼和马匹的流量来看，集市上产生的交易额与上一年相比大致未发生变化，却收来了 2800 枚金币。这令国王大喜过望，重赏了大臣，却并未意识到高税收已让部分商人减少交易次数，市场活力正在下降。税务官就相当于温室气体，而金币相当于地球吸收的太阳辐射能量，人类就像短视的国王——当我们不断增加温室气体浓度以"截留"更多能量时，看似收获了短暂的"收益"，实则破坏了地球的能量平衡，最终会受到大自然的责罚。

小问题

陆地植被面积减少会对气温产生什么影响？

三、亡羊与补牢

（一）直面现实

从初次学会用火，到工业革命以前，人类对能源的需求尽管旺盛，但囿于技术落后，一直维持在低效率、小规模地利用生物质能的水平——换言之就是烧了一百多万年柴薪。利用生物质能，简单来说，就是释放有机碳化合物中的化学能，反应的最终产物正是二氧化碳。人吃饭干苦力、牛吃草干苦力，都是利用生物质能的典型例子。对于大自然来说，这个阶段人与动物的差别可以忽略不计，毕竟与森林大火动辄连烧三个月相比，烧点柴火又算得上什么？

然而工业化以来，随着科技的发展，蒸汽机、内燃机、电动机（马达）大规模投入运用，人类对能源的诉求不断扩大。从给锅炉铲煤，到给部分使用传统燃料的火箭注入液态燃料，这些常规的能量释放形式，大多伴随着剧烈碳排放。为了让那些钢铁怪兽高速稳定运转起来，充分为工业发展服务，人类迅速就打起了化石能源的主意。

古生物尤其是植物死亡后，如果来不及被分解，就因地质活动被掩埋，在合适的理化环境下，就会逐渐变成化石能源。化石能源的能量密度很高，与柴火相比，易于储存、运输、精炼与燃烧，是古生物留给人类，用以点亮工业文明的宝贵财富。然而，这些化石能源收纳了大量碳原子，如果人类不加节制地利用，大量二氧化碳就会被释放到大气中，进而造成气候失衡。人类活动产生的碳排放，主要来自使用化石能源。

工业革命以前，大气中的二氧化碳基本处于收支平衡的状态。自十八世纪中叶人类开启第一次工业革命至今，二氧化碳浓度持续上升，这导致了1.1℃的平均升温。如果接下来人类仍维持现有碳排放速率，到2100年，升温幅度极有可能将达到4℃。大家可不要小看这4℃，它能大量解冻冰川与冻土，使海平面上升，海水酸化，河流萎缩，进而导致粮食减产，极端气候灾难频发。这种改变是缓慢的，却不可逆的，而且影响程度并不均衡。但最终，它会危及每一个国家、每一个人。

据中央气象台消息，2022年6月25日白天，我国38℃以上高温覆盖面积有34万平方公里，40℃以上高温覆盖面积有13万平方公里。河北、山东、北京、天津等地38个国家站最高气温达到或突破6月历史极值，其中河北灵寿（44.2℃）、藁城（44.1℃）、正定（44℃），山东沾化（41.7℃）等21个国家站最高气温突破历史极值。2023年6月则重演了这样的高温，仅略微逊于2022年6月。就按2100年控制在4℃温升的目标直观地想，在一个47℃的夏天，你还愿意出门玩耍吗？

2023年3月，联合国政府间气候变化专门委员会（IPCC）发布第六次评估报告（AR6）《综合报告》，在其《第一工作组报告：决策者摘要》中对当前气候变化状况提出了四点主要定论：

1. 毋庸置疑，人为影响已造成大气、海洋和陆地变暖。大气、海洋、冰冻圈和生物圈都发生了广泛而迅速的变化。

2. 当前气候变化出现在整个气候系统的尺度上，气候系统许多层面的当前状态在过去几个世纪甚至几千年来均是前所未有的。

3. 人类活动引起的气候变化已经对全球每个区域的很多极端天气气候事件产生了影响。自第五次评估报告（AR5）以来，观测到的热浪、强降水、干旱和热带气旋等极端事件，特别是将其归因于人类影

响的证据，均已增强。

4. 基于对气候过程、古气候证据以及气候系统对增强的辐射强迫响应认识的提高，科学界对平衡态气候敏感度的最佳估计值为3℃，其范围也比 AR5 更窄。

AR6 中还提出了五点主要预测：

	近期，2021—2040		中期，2041—2060		远期，2081—2100	
情景	最佳估值（℃）	很可能范围（℃）	最佳估值（℃）	很可能范围（℃）	最佳估值（℃）	很可能范围（℃）
SSP1-1.9	1.5	1.2至1.7	1.6	1.2至2.0	1.4	1.0至1.8
SSP1-2.6	1.5	1.2至1.8	1.7	1.3至2.2	1.8	1.3至2.4
SSP2-4.5	1.5	1.2至1.8	2.0	1.6至2.5	2.7	2.1至3.5
SSP3-7.0	1.5	1.2至1.8	2.1	1.7至2.6	3.6	2.8至4.6
SSP5-8.5	1.6	1.3至1.9	2.4	1.9至3.0	4.4	3.3至5.7

1. 在所有5个排放情景（见上表）下，至少到本世纪中期，全球地表温度将继续上升。未来几十年内如果不在全球范围内进行二氧化碳和其他温室气体的大幅减排，全球升温将在本世纪内分别超过1.5℃和2℃。

2. 气候系统的许多变化与全球变暖的加剧直接相关。这些变化包括极端高温、海洋热浪、强降水和部分区域农业和生态干旱的频率和强度上升，强热带气旋比例的增加，以及北极海冰、积雪和多年冻土的减少。

3. 持续的全球变暖预计将进一步加剧全球水循环，包括增加其变率、增强全球季风降水以及加大干湿事件的严重程度。

4. 在二氧化碳排放量增加的情况下，海洋和陆地在降低大气二氧化碳累积方面的碳汇作用会减弱。

5. 过去和未来温室气体排放造成的许多变化，特别是海洋、冰盖和全球海平面发生的变化，在世纪到千年尺度上是不可逆的。

（二）制定计划

二十世纪末以来，世界各国就全球气候变暖这一重要议题，召开了多次会议，先后签署了《联合国气候变化框架公约》《京都议定书》《坎昆协议》等文件。其中最有成效的是第 21 届联合国气候变化大会（即巴黎气候大会），会议的成果就是《巴黎协定》（*The Paris Agreement*）。《巴黎协定》是对 2020 年后全球应对气候变化的行动作出的统一安排。《巴黎协定》的长期目标是将全球平均气温较工业化前上升幅度控制在 2℃ 以内，并力争将其限制在 1.5℃ 以内。中国作为《巴黎协定》的 178 个缔约方之一，于 2016 年 4 月 22 日在美国纽约联合国大厦签署了这份文件。

考虑到不同国家的差异，《巴黎协定》强调了公平性，由此才得到缔约方的一致认可。西欧、北美等地的发达国家是三次工业革命的策源地，经历了先发展后治理的过程，拥有丰富的经验、先进的技术和雄厚的资本。二十世纪以来，欧美国家将高污染、高排放的工业向发展中国家转移，再自这些国家进口成品或半成品。作为工业品的优先消费者，欧美国家更有责任做出表率，继续减排并开展绝对量化减排，为发展中国家提供资金支持；中国、印度等发展中国家，其产业转型在很长一段时间内都将面临巨大挑战，应该根据自身情况提高减排目标，逐步实现绝对减排或者限排目标；最不发达国家和小岛屿发展中国家，前者人均碳排量放过低，后者面临紧迫的生存问题，它们可编制和通报反映自身特殊情况的关于温室气体排放发展的战略、计划和行动。

◎ 涨潮时海水侵入太平洋岛国图瓦卢的主岛富纳富提环礁。该国是第一个因温室
效应导致的海平面上升而举国成为难民的国家。

（三）碳达峰与碳中和

"碳达峰"指的是一个国家或地区从某一年开始，年碳排放量达到峰值，从此往后（自峰值出现后第五年开始评定）的年碳排放量再也不曾回到这一峰值。实现碳达峰后，理想的状态就是通过节能降碳与二氧化碳去除技术，使得净碳排放量[1]逐年递减，减至零，乃至富余出净碳汇量。如果一个国家或地区的净碳排放量减至零，且从此往后的净碳排放量不再高于零，就可以认定其实现了"碳中和"。

举例而言，假设中国在2030年排放140亿吨二氧化碳，创造12亿吨碳汇，即净碳排放量128亿吨。此后，碳排放量持续减少，碳

---

① 净碳排放量＝碳排放量－碳汇量，净碳排放量若小于零则应计算净碳汇量。净碳汇量＝碳汇量－碳排放量。

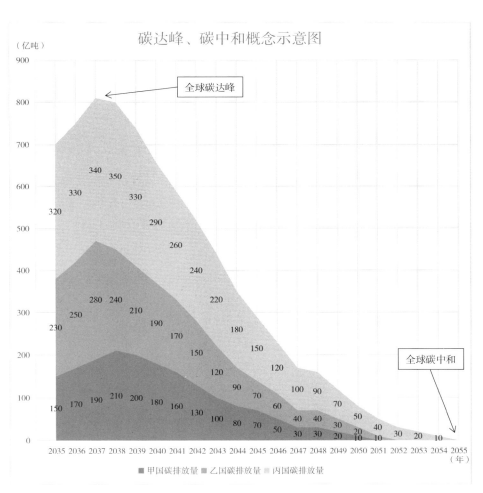

碳达峰、碳中和概念示意图

◎ 假设世界上只有甲、乙、丙三个国家；假如 2035 年至 2055 年这 20 年间的全球总净碳排放量超过 10000 个单位，就将引发灾难性的环境剧变；在这种情境下，三国较为理想的做法。上图所描述的世界在 2037 年实现碳达峰，在 2055 年实现碳中和，20 年间总碳排放量为 7520 个单位。（上图中各颜色面积代表各国净排放量，注意是堆积图，非叠图）

汇量持续上升。到了 2060 年，碳排放量降低至 25 亿吨，碳汇量提高至 25 亿吨，即净碳排放量为零。那么接下来只要能保持每年的净碳排放量不大于零，哪怕到了 2103 年，碳排放量增加到 54 亿吨，碳汇量增加到 59 亿吨，我们也可以说，中国在 2030 年碳达峰，2060 年碳中和。

"净零排放"则是在此基础上将范畴从二氧化碳扩大到"所有需控温室气体中和"。而"气候中性"则更进一步，要求该国家或地区的活动，对气候系统没有净影响——这其实也是碳中和事业的终极目标。因此，从实现难度看，碳达峰＜碳中和＜净零排放＜气候中性。

碳达峰就好比是松开油门踏板的那一刻，代表着全球对碳排放的诉求达到最大。接下来的碳中和则好比是踩死刹车踏板的那一刻，代表着全球对碳排放的诉求减无可减，且碳汇量足以将其中和。碳达峰得越早，鉴于前面通常有一个加速的过程，最高车速就越慢；碳中和得越早，车祸前车辆失去的速度就越多。二者共同决定了车祸发生时的最低车速。最低车速代表着工业化以来人类净碳排放的总和，当然越低越好，它决定了这场车祸将有多惨烈，即温室效应增强最终会发展到什么程度。

碳中和要求人类的能源利用水平发生变革，近乎摒弃化石能源（除应急容灾发电外），完全投入清洁能源的怀抱。从现实角度看，这是人类的第一次联合自救行动；从长远意义看，这或许可视为人类未来实施行星环境改造工程的一次前期实践性探索。如果我们失败了，我们的子孙会有吃不尽的苦；而如果我们成功了，积累下来的技术与经验将福泽未来的无尽世代。

中国是当今世界第一大工业国，是当之无愧的"世界工厂"。为了满足全球 76 亿人民的消费需要，中国的碳排放量自 2006 年起已超过美国，稳居世界第一，2019 年在全球占比达 27%。[①] 但这并不代表中国就可以将责任全然推卸给那些为中国生产原料、工业半成品和产品买单的人，恰恰相反，正是因为中国在全球化框架下扮演了这样难以替代的角色，才更应当尽源头的责任不断提高采矿、生产加工、交通运输、基建、发电技术水平，全社会形成合力积极节能降碳，争取早日实现碳达峰与碳中和。

2020 年 9 月 22 日，习近平总书记在联合国大会一般性辩论上向全世界宣布，中国将提高国家自主贡献力度，采取更加有力的政策和措施，二氧化碳排放力争于 2030 年前达到峰值，努力争取 2060 年前实现碳中和。[②] 生态文明建设是关系中华民族永续发展的千年大计。2021 年 3 月，习近平总书记发表重要讲话强调，实现碳达峰、碳中和是一场广泛而深刻的经济社会系统性变革，要把碳达峰、碳中和纳入生态文明建设整体布局。

小问题

尽管火星大气成分中 95% 左右都是二氧化碳，为什么其赤道和两极的气温仍低于地球？如果人类要将火星改造成宜居行星，你建议要做些什么？请查阅相关资料，大胆提出方案。

---

① 荷兰环境评估署:《全球二氧化碳和温室气体总排放量的趋势报告（2020 年）》，2020 年 12 月 21 日。
② 《减碳，中国设定硬指标》，中国政府网 2020 年 9 月 30 日。

（四）后备方案

《尚书·太甲（中）》曰"天作孽，犹可违；自作孽，不可逭"，在气候变化这件事上恐怕还没那么简单。这么说主要在于我们对地球科学的认知十分有限。如果某颗大石球纯粹是出于人为因素，在平地上被从东边推到了西边，那事情就简单许多，只要别继续推（实现碳中和）就行了，再费些力将它推回东边便可喜可贺了。但如果这颗大石球原先是位于一道长缓坡的东部高侧，而人类将它推下了坡呢？我们自以为通过降碳这样的反向操作，就能有效遏制气候变化继续滑坡，但在这个不断熵增的宇宙中，又哪有如此单纯的对称机制呢？在难度更大的办法被呈上台面以前，只有那些能切实快速从大气中移除温室气体的手段，才能保证降低温室效应，停止乃至反转全球气候变化，但那样的技术离我们仍十分遥远，恰如将一盆泼进湖泊两星期之久的辣椒油收回来。

大家一定希望在这首个章节的结尾，看到"通过不懈努力，一切都会好起来的"这般感性的结论，但 IPCC 的 AR6 报告使得"以现在的努力程度，事情保证不会变得更糟"都显得不那么理性。一方面，什么时候能实现全球碳中和现在还很不好说；另一方面，全球碳中和后气候还会不会继续变化则更不好说；最后，纵使它万幸终将止步，惯性又会将环境变迁带往多远？说到底，尽快实现全球碳中和，不过是将问题尽可能妥善解决以造福未来世代的积极举措罢了。在一个气候业已变暖的世界继续生存至少一两百年，将是我们与后代不得不面对的必然命运。唯一聊以自慰的是，我们尚且有史可鉴。

地球常被美称为"花园世界"，但对于我们这些生活在更新世的人类而言，实际上并未见识过地球在漫长地质历史时期中的常态。根据地质研究，地球在约 85% 的地质历史时期处于大陆冰川全部消融的温室期，剩余约 15% 的时间则频繁出现冰川广布、气候严寒的冰期。只有在后者暂且消停时出现的，现如今这样的间冰期，才是生存压力奇低的发展机遇期。要不然比 100 万年前的祖先聪明不了多少的我们，怎么捱到全新世才发展出文明？再往前看，中国科学院的倪喜军团队于 2013 年在《自然》期刊上证明，人类的祖先类人猿起源于约 5500 万年前。时值始新世早期，地球发生了一系列以古新世—始新世极热事件为代表的剧变，据地质分析，全球平均温度一度超过 29℃，此次升温事件是最近 1 亿年的气候相对稳定期内已知最极端的一次气候变化。在始新世期间，巨兽的时代结束了，被矮小的（单位体积的比表面积更大，利于散热）动物所演替，其中就有类人猿。即便在始新世结束时气温下降，极地开始冻结，矮化动物也没有因此退出历史舞台。所以从积极的角度讲，尽管类人猿及其后代的耐寒能力尚未经受极端考验，但至少被验证是一种十分耐热的物种。1.1℃ 也好，4℃ 也罢，保守估计 10℃ 以内的平均温升都不至于让人类走向末路。在现代技术的武装下，人类或许能在变暖的世界中存活下去，但生存质量与发展前景仍将面临许多挑战。

因此，我们既要把握好当前的发展机会，也要充分认识到地球原本就不会一直提供这么大力度的优惠政策，更别提人类的掠夺性行为正变本加厉地捣毁着这场难得的大促活动。大自然总是以万物为刍狗，既敏感又无常，迄今已将 98% 的已知物种甩下了车。这便引出最后一个需要严肃对待的问题：除了 2100 年阿珍与阿强能在一个停止变暖的花园世界幸福生活直至下一次小冰期这种情况外，还存在另一个结局——减缓气候变化的一切努力最终都失败了，或者半路杀出一波类似古新世—始新世极热事件期间的地质活动导致气候变化彻底失控，阿珍与阿强要怎么办？

在那样一个未来，沿海发达地区被上升数十米的海平面淹没自不

◎ 海平面上升后的上海浦东假想图。

必说，中华民族主体人口都将被迫往西北方向的第二阶梯迁移以躲避酷暑，将南方的大片土地让给蓬勃发展的雨林及其配套生态系统。各种规模夸张的风暴、洪水、雷雨隔三岔五就从第一阶梯横扫而过，顺带波及一下第二阶梯。而在风雨的间歇，则是干旱连连。散布全国各地的东北人也将回到他们的故乡，然后发现家里到处都是从山东、河北逃来的大兄弟，史称第二次闯关东。新城市将建设在山体和地底，以错综复杂的隧道相连，并建设了大量防灾、减灾、集水的工事。尽管水资源与人工淀粉倒不匮乏，但甭管是淮南的橘还是淮北的枳都吃不上了，赣南的脐橙与梅州的柚子更别想，能抵御狂风暴雨的巨型农产建筑里种啥养啥就只能吃啥。人们昼伏夜出，多数时间待在空调房里，安排各类大小机器出门进行户外作业，史称第二代山顶洞人。

总之，后代人的问题理应由后代人去解决，他们一定会有更多超脱当代人想象的解决方案，我们能给他们留下的唯一财富不是智慧，而是时间——或者说机会。而当代人一切不负责任的行为都是在扼杀后代人的机会。通过尽力减缓气候变化的步伐，当代人争取一日，后代人便多一日准备；争取 20 年，后代人便能建设起大规模的掩体都市；争取一个世纪，后代人便能兴建起调控气象与水文的庞大工程；争取两个世纪以上，发生在地球上的任何浩劫都难以威胁人类的存在，他们将设法生活在恒常如春的环境中，无惧沧海桑田。

第二章

碳从何处来

——排放着温室气体的人类活动

一、地球上碳原子的分布与循环

碳原子在地球上以三种形态大量分布——碳酸盐、有机物和二氧化碳，它们之间通过化学反应互相转化，通过大气、海洋和地质运动转移位置，形成了一个永不停歇的碳循环圈。绝大部分碳原子都储藏在碳酸盐中，以岩石形式随处可见，除遇火山喷发和酸雨外，基本稳定。另外还有巨量碳原子以二氧化碳、碳酸形式，溶解在海洋深层。海洋表层的二氧化碳在不断与大气圈、海洋中深层的交换过程中，基本保持着收支平衡。其次，是生态圈的含碳有机物，通过光合作用、呼吸作用与食物链，也基本维持着脆弱的碳平衡。最后，大气中的二氧化碳也分高度，位于高空的较为游离于世外，位于低空的则会不同程度地参与碳循环。上述四大要素，在工业化前，原本都是既非人力所能及，也不需要操心的。而且如果有朝一日人类文明能达到气候中性乃至于环境中性的目标，就更不必继续操心。

事实上，地球碳循环中最不稳定的要素，正是人类活动。人类活动造成的碳排放，目前以从岩石圈中开采化石能源用以燃烧、开采硅酸盐用以制造水泥为主。这部分在整个地球的碳循环中尽管占比微不足道，但因为仅就生态安全红线而言，大气圈的二氧化碳容量非常有限，所以这部分实质上是对地球环境影响最大的部分。温室效应一旦加剧，就会动摇上述四大稳定要素，打破平衡，整体而言将有更多二氧化碳释放到大气中，进一步增强温室效应。

打个比方，从前有一家银行，拥有五个主要的大客户。其中四个都是富豪，存款最多的那个甚至基本不动账户里的钱；另外三个相互间尽管每个月有多达 7 亿元的资金往来流水，但真正取款加起来最多也不超过 500 万元。如此一来，银行只需要常备 800 万元现金，就能大体维护好这四个客户。第五个客户一直没什么业务，结果某一天，他来到柜台，提出每个月都要取 1200 万元。银行一时间哪来那么多现金给他？第五个客户如果坚持这种任性的要求，就会出乱子。另外四个富豪听说原来银行根本没有多少现金，也会纷纷过来挤兑。我们人类在地球上的角色，就好比是那第五个客户——帮忙能力有限，捣乱威力无穷。

有观点认为，碳排放只应计量人类在工业化后造成的非动物性活动所造成的那部分。什么呼吸系统、养殖牛羊、山火、酸雨溶解碳酸岩等等，统统可以不算。但算不算，人类说了不算。毕竟温室效应是大气温室气体存量总和形成的结果，它不会因为甲部分是人为排放的，乙部分是间接人为产生的，丙部分是纯天然形成的，就对人类活动造成的影响区别对待。正视责任并积极承担而非撇清责任并掩耳盗铃才是正确的态度。所以，我们应当用全局的视角去看问题，并考虑全局的因素去解决问题。毕竟碳中和仅仅是使人类活动不再推动气候变化，因气候变化破坏的环境及气候变化本身都是接下来还要去解决的问题。

在进入下面的章节前，还要介绍两个重要的概念：碳源与碳汇。

"碳源"是指向大气中释放碳的过程、活动或机制。自然碳源包括水体、岩土（随着冻土解冻，目前排大于汇）和生物（生物活动必然排放二氧化碳和甲烷）。人工碳源涵盖了几乎一切与人类活动相关的领域。除了以天为被以地为席睡觉做梦，人类活动大多会产生碳排放，但也有一些如贡献碳汇的过程是在减少碳的排放。

"碳汇"是指通过种种措施吸收大气中的二氧化碳，从而减少温室气体在大气中浓度的过程、活动或机制。自然碳汇包括水体（目前碳

吸收量大于排放量，但人类的不当干预可能会破坏海洋环境进而影响其碳汇能力）、岩土（二氧化碳随雨水渗透至地下，通过一系列地质过程实现碳的固定和储存）和生物（特指植物通过光合作用吸收二氧化碳）。人工碳汇则涵盖了人类为移除存量大气温室气体，或阻止本将进入大气的温室气体进入大气而所做的一切工作。

　　了解完碳源与碳汇的概念后，接下来就让我们详细了解，人类作为碳原子的无心搬运工，其活动究竟在哪些重点领域造成了碳排放？

小问题

　　为什么说防止酸雨能助力碳中和事业？你家的装修材料中使用了大理石吗？大理石的主要成分是什么？一千克大理石与过量稀硫酸（酸雨的一种成分）充分反应，可以释放出多少二氧化碳？

二、能源碳源

在第一章中，之所以说"碳中和要求人类的能源利用水平发生变革，近乎摒弃化石能源（除应急容灾发电外），完全投入清洁能源的怀抱"，正是因为人类现有的主流能源利用手段就是碳排放的头号来源。

通过氧化有机物，释放其中蕴含的化学能，顺带产生二氧化碳——我们所做的以细胞呼吸为代表的这类事情，可以上溯至数十亿年前的单细胞生物时代。钻木取火与之相比，仿佛是昨天才开始的活动。即便在"科技与狠活"（现代食品工业）如此发达的现如今，人类依然本能地喜爱着食物的焦味、木质化组织崩裂的噼啪声和令人心安的跃动火光。从这层意义来说，对在这种环境中利用较为易得的化学能行为的认识是深刻在人类基因中的一段最为古老的记忆。

在我们祖先必备的生活物资列表上，有着所谓"柴米油盐酱醋茶"的说法。由此可见柴薪的地位——没有柴薪提供热量，连茶都没法儿泡，就更别提煮饭了。柴薪不需要开采，仅靠砍伐树木或拾取枯枝就能获得，但这种较为新鲜的植物组织含较多水分，其燃烧的难度较大，单位热量碳排放也是最大的。

由世界卫生组织牵头发布的 2023 年版《追踪可持续发展目标 7：能源进展报告》显示，全球仍有 6.75 亿人无法获取电力，23 亿人依赖以柴薪为主的燃料做饭。[①] 由此可见，通过农村现代化和援助欠发达国家来降碳还大有可为。尤其是人口众多、自然资源丰富的非洲国家，哪怕改用化石能源，其碳排放潜力也不可小觑。所以理想的策略应当是绕开旧有路径，一步到位普及清洁能源。在中非合作论坛框架内，中国迄今已对非实施了上百个清洁能源和绿色发展项目，助力非洲走绿色可持续发展之路。

光靠烧柴火，温度只够炒个小菜吃吃，引发不了材料学革命。祖先开启青铜时代靠的是煤，它与柴薪不同，是在特定理化条件下经天长地久形成的史前植物化石，在地质作用下，经泥炭→褐煤→次烟煤→烟煤→无烟煤一路升级而来。煤在古代中国历史典籍中，被称为"石炭""乌薪""黑金""燃石"，是中华大地最早开采利用的矿产能源，至今也仍是我国不可或缺的能源支柱。煤炭虽然比柴薪纯粹些，但毕竟5亿年前是一家，仍含有许多杂质，尤其是其所富含的硫元素，

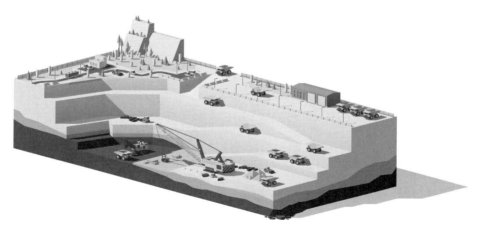

◎ 露天煤矿

---

① 《最新报告：全球可再生能源消费增长，基本能源获取仍存鸿沟》，联合国网站 2023 年 6 月 6 日。

释放到大气中很容易造成酸雨。1952 年发生的"伦敦烟雾"公害事件
（Great Smog of London）致超过 1.2 万人死亡，其罪魁祸首之一正是过度
烧煤。烧煤不仅碳排放高，污染也高，减少对煤炭的依赖，一直以来
都是我国节能降碳工作的重中之重，可谓燃"煤"之急。

尽管煤储量大、分布广、产量稳定，但其热值还是难以满足小型
载具的需要。过去也曾出现过蒸汽卡车、木炭汽车这样的过渡产物，
但因为缺陷明显很快就被淘汰。第二次工业革命期间，人们迅速建立
起了原油开采、提炼、储存、贸易与燃烧的全套产业链。来源尚无定
论（可能是由史前浮游生物和藻类转化而成）的原油由此正式登上历
史舞台。由于其热值高、杂质少、易运输与储存、使用快捷，原油迅
速成为各国争相抢夺的重要战略资源。如欧盟就规定，成员国的储备
应相当于该国 90 天原油或成品油内部平均消费量。

二十世纪以来，我国的原油产量增长缓慢，进口量却节节攀升，

◎ 油田

并自 2009 年起超过了前者。目前，中国是最大的原油进口国，2020 年中国斥资 1763 亿美元，进口原油 54238.6 万吨，主要采购自沙特阿拉伯、俄罗斯和伊拉克。[①] 由于我国原油消费严重依赖进口，自给率只有 28.8%（2022 年），且其作为能源消费的单位碳排放尽管比煤炭少但也相当可观，加之排放分散难以捕集，所以我国一直在寻求降低原油消费的方法。

油井中往往蕴含着大量天然气，即便在美国，天然气的产业化也要到二十世纪七十年代才完成。天然气的主要成分是甲烷，含有少量的乙烷、丙烷和丁烷，以及其他杂质，但作为能源相对来说比煤炭和原油要清洁得多，且易于提纯，单位碳排放也更少。甲烷本身就是一种温室气体，在大气中经紫外线照射会缓慢转化为二氧化碳，进而产

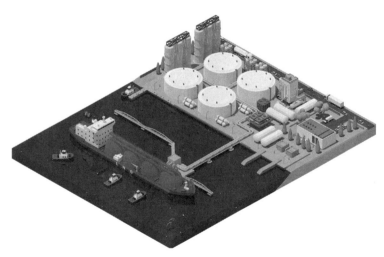

◎ 液化天然气运输船

①《2020 年中国原油进口 54238.6 万吨　价格震荡修复》，人民网 2021 年 1 月 27 日。

生温室效应。早期人们开采煤矿和原油时，因为缺乏相应的技术手段，天然气就只能当场烧掉，白白释放了不少温室气体。

天然气经由管道，能以非常低的成本在陆地上运输。在跨海运输和使用端，天然气通常被压缩为液态，存储在坚固的容器中。大家也许在一些公共汽车上看到过 LNG 或 CNG 的标志，其实就代表这辆公共汽车使用的是液化天然气（liquefied natural gas），也称压缩天然气（compressed natural gas）。2022 年，在中国天然气总消费量中，城市天然气消费占比 33%；工业燃料、天然气发电和化工行业用气规模占比分别为 42%、17% 和 8%。

在供给侧，中国的能源生产自新中国成立起就以煤炭为主。2022 年，全国开采原煤 45.6 亿吨，同比增长 10.5%。原油的产量则较稳定，有计划地控制在 1.9 亿 ~ 2.1 亿吨，如 2022 年为 2.05 亿吨。2022 年，全国天然气产量 2201 亿立方米，连续 6 年增产超 100 亿立方米。油气资源的开采位置有从陆地转向海底的趋势，页岩油气资源开发也有所增长。

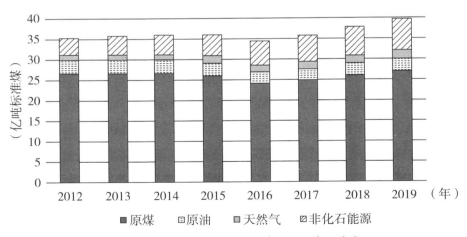

◎ 中国能源生产情况（2012—2019 年） 数据来源：国家统计局

在消费侧，煤炭的比重在逐年下降，石油的消费量随着人均汽车保有量的提高有所增长，天然气和非化石能源增长迅速。这充分说明，尽管中国能源消费的基本格局仍未改变，但减排的趋势却已经显现。尤其是 2016 年加入《巴黎协定》后，煤炭的比重下降与非化石能源的增长均有所加速。与此同时，世界范围内的燃煤发电比例没有发生显著变化，一直维持在近 40% 的水平。

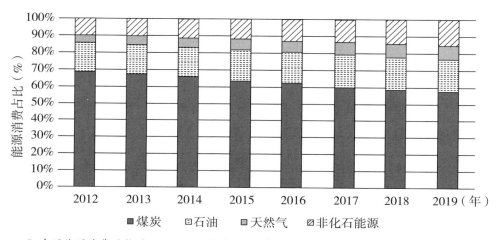

◎ 中国能源消费结构（2012—2019 年） 数据来源：国家统计局

火力发电厂是通过燃烧上述化石燃料，将释放出来的热能转化为电能的发电厂。基于热力学第二定律和卡诺循环等原理，火力发电厂的效率普遍在 33% ~ 50%，如果作为峰值电厂使用还要更低。火力发电厂的碳排放直接与其所燃烧的化石燃料类型挂钩，同样是燃煤＞燃油＞燃气，每发一度电，燃气的碳排放大约只有燃煤的一半。目前，燃煤发电是我国的主流，燃气发电正在稳步发展，至于燃油发电，由于不划算，我国仅存两座二十世纪末投产的燃油发电厂。到了冬天，北方地区的部分热电联产式火力发电厂还会利用发电废热，给当地居民集中供暖。

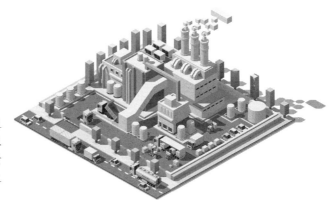

◎ 煤炭自古以来一直是最重要的化石能源，至今仍为火力发电厂大量消耗，并向大气释放大量二氧化碳。

与电力相关的温室气体还有六氟化硫，这位温室效应之王具有优良的灭弧性能和绝缘性能以及良好的化学稳定性，从 20 世纪 50 年代末开始被用作高压、特高压断路器的灭弧介质，保障其安全运行。但也正是因为它的化学稳定性太强，一旦逸散到大气中，就如同坚固的堡垒，紫外线很难拆散它的化学键。1 千克六氟化硫所造成的温室效应，相当于 2.28 吨二氧化碳，且能在大气中留存数千年。

2020 年，全社会用电量 75110 亿千瓦时，同比增长 3.1%。分产业看，第一产业（农林渔牧业）用电量 859 亿千瓦时，同比增长 10.2%；第二产业（能源、资源、制造业、建筑业）用电量 51215 亿千瓦时，同比增长 2.5%；第三产业（服务业、商业、科教文卫、党政军）用电量 12087 亿千瓦时，同比增长 1.9%；城乡居民生活用电量 10949 亿千瓦时，同比增长 6.9%。[1]2021 年 7 月 14 日，全国日用电量刷新了历史纪录，达到 271.87 亿千瓦时。[2] 全社会电约有 54% 来自化石能源火力发电（2022 年降低至 51%），68.2% 由第二产业买单。

---

① 《2020 年全社会用电量同比增长 3.1%》，中国政府网 2021 年 1 月 20 日。

② 《全国日用电量刷新历史纪录　11 个省级电网负荷创新高》，央视网 2021 年 7 月 18 日。

三、工业碳源

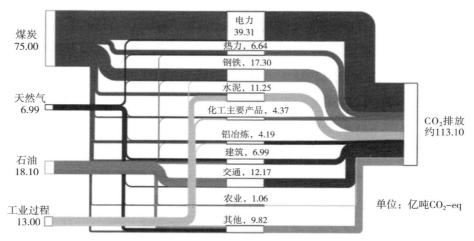

◎ 图源:《中国碳达峰、碳中和时间表与路线图研究》,作者魏一鸣等。图中所示数据为 2020 年中国数据。

我国碳排放的格局,能源碳排放和工业碳排放相互比肩且占据大部分比例。改革开放以来,中国的工业生产蓬勃发展,而工业规模扩大直接驱动能源规模扩大。所以,二十一世纪头二十年碳排放的发展规律,就是工业领域排得越多,能源领域跟得越多,其他虾兵蟹将虽也有所增长但其份额只占少数。如何打破这种你增我长、如影随形的关系,是碳中和事业面临的头号难题。

2019 年,中国生产了全球 53% 的粗钢、60% 的水泥、80% 的室内空调和 68% 的手机。随着中国的工业化水平不断提高,工业领域的能耗调整存在一定难度。

　　耗能只是一方面，我国规模庞大的重工业本来就是排放重灾区。其中以煤炭为原料之一的钢铁产业链占了将近半壁江山，非金属矿物制品业尤其是水泥紧随其后，石油加工及炼焦、铝等有色金属冶炼、化工也都有可观的碳排放。重工业广泛涉及有碳元素参与的化学反应，因此有排放在所难免。与此相对，轻工业的碳排放占比则要小得多，因为工艺主要靠的是机械耗电与工人劳作。

　　由此可见，我国工业碳排放主要集中在原材料的加工上。钢铁、水泥、沥青、玻璃、塑料、陶瓷等原材料，在海外找不到量大、稳定且价廉的供应商，只能靠我们自己动手生产。而碳排放最大头的几个工业品类别（钢铁、建材、化工、石化、有色金属、造纸）加总，排

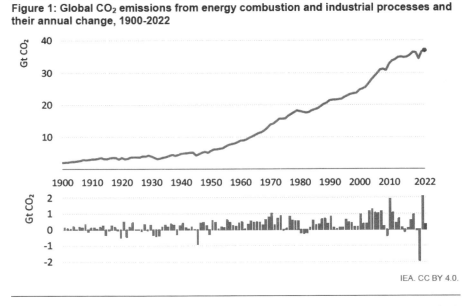

Figure 1: Global CO₂ emissions from energy combustion and industrial processes and their annual change, 1900-2022

◎ 图源：《2022 二氧化碳排放》，国际能源署发布，图中所示数据为 1900—2022 年能源消耗和工业过程产生的全球二氧化碳排放量年度变化。

放量甚至能与火力发电相当，这绝非可持续发展之道。这般现状同时也给我们提供了一个重要启示：大力研发低能耗低排放的原料加工工艺，就是节能降碳最有效的手段。

从全球视角看，本书中常用"工业化以来"这样宽泛的时间概念，其实能源与工业碳排放直至第二次世界大战后才开始腾飞，至二十世纪六十年代才突破100亿吨大关，然后在短短不到60年间便蹿升至2022年的368亿吨，并仍保持增长态势。鉴于这两种碳源的统治性地位，一旦这种势头能够得到有效遏制，其实就意味着全球碳达峰。

其他的碳源，归根结底，都是在能源领域与工业领域的下游、末端领域产生碳排放。因为它们不是烧油费电，就是用到了工业原料和产品，或者二者兼具。不过这些领域其实才是真正赋予能源与工业意义的领域，否则电厂烧煤供电给工厂开工造产品都是为了什么来着？它们的旺盛需求，直接促进了能源、工业规模的扩大。看完了张牙舞爪的能源、工业碳源，接下来，就让我们了解一下还有哪些地方在悄然释碳吧。

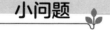

小问题

请分别找出钢铁和水泥的生产碳排放量大的具体原因。

四、其他碳源

（一）建筑碳源

俗话说要致富先修路，逢山打洞、遇水筑桥，中国基建的速度在惊艳全世界的同时，也在排放着大量二氧化碳。前面说过，我国强大的重工业为各行各业供应着应有尽有的原材料，建筑行业便是其中一个高度依赖工业原材料供应的领域。

大家应该都见过工地上热火朝天的景象吧？即便没有，也可以回想一下自己曾经玩过的那些黄颜色的塑料玩具。盾构机、吊车、压路机、推土机、挖掘机、泥头车、叉车、水泥搅拌机、打桩机、电焊机等大小施工机械，全部要燃烧柴油或消耗电力。就连施工用的照明灯，能耗也极高。不仅如此，这些机械一开工，动辄就是半年，用完马上又会奔赴下一处工地继续施工。

建筑既是高耗能领域，也广泛消费大量建筑耗材，尤其是单位碳排放量极高的水泥。据美国《华盛顿邮报》2015 年的报道，中国在 2011—2013 年间用掉的水泥就超过美国在整个二十世纪的全部用量。当然，这也是因为美国在二十世纪就打造好了基建基本盘，而中国直至二十一世纪手头宽裕了，才来大补基建课。钢铁、合金、河沙、玻璃、陶瓷、石料、铝材、砖头、木材、塑料均是采购列表中的常客。有关报告指出，2020 年，中国建筑材料工业二氧化碳排放达 14.8

◎ 建筑大量使用的混凝土，其主要成分之一便是水泥。

亿吨。[①]

　　另外，城市中的建楼、拆迁、装修等工程，每天都会产生大量的建筑垃圾，这些垃圾因为破碎或零散，加工成本高，产物价值低，所以利用率一直不足 10%，其余的只能堆积在垃圾场。而在许多发达国家，建筑垃圾回收利用率往往高达 90%。建筑垃圾没有得到高效的重复利用，也变相导致更多建筑材料被生产出来，增加碳排放。

（二）交通碳源

　　路修好了，车辆能够畅通无阻，送返乡探亲的亲戚回到故乡，将你的快递包裹自故乡带来。事实上，交通正是紧随能源与工业其后的第三大碳源。不论是燃油汽车，还是电动汽车，是喷气式战斗机，还是航空母舰，凡是交通工具，都会产生碳排放。别抬杠，骑马会，骑自行车也会，就连走两步都得呼出二氧化碳。其中，碳排放得最为直接的，就是搭载内燃机、从排气管呼呼喷出废气的车辆。

　　内燃机是燃烧汽油、柴油等成品油，将燃烧过程中释放出来的热

　　① 中国建筑材料联合会：《中国建筑材料工业碳排放报告（2020 年度）》，《石材》2021 年第 5 期。

能转化为动能的机器。市面上所有常规非电动交通工具，小到摩托车，大到轮船，都搭载有内燃机。第二次世界大战前的飞机也是内燃机驱动的，后来才改为动力更强的涡轮喷气发动机，同样也是燃油。我国进口的原油，有约一半就是加工为成品油，作为内燃机燃料使用的。一般燃油汽车上内燃机的效率也并不高，在 30% 左右，堵车等低速情形下甚至可能降至 10%。因此，拥堵的交通也会致使燃油车造成更多碳排放。根据公安部的数据，2022 年，全国机动车保有量达 4.17 亿辆，其中汽车 3.19 亿辆，其中新能源汽车（新能源汽车这个概念涵盖各类混合动力汽车、氢能汽车、燃料电池汽车和纯电动汽车，本书中的"电动汽车"一词指纯电动汽车）仅 1310 万辆；虽然其在新注册登记中所占比例已迅速增长至 23.05%，但仍需要很长时间才能完成对燃油汽车的基本替代。[①]

汽车制造作为民用工业集大成者，涉及众多产业领域，是众多工

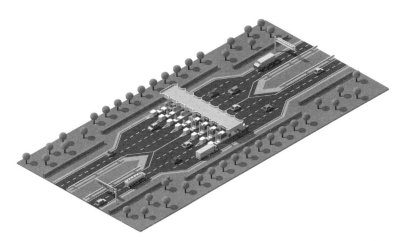

◎ 交通碳排放主要来自依托高速公路网的物流业，居民交通的碳排放易受公共交通便利化和电气化影响而降低。

---

① 《我国新能源汽车保有量达 1310 万辆　呈高速增长态势》，中国政府网 2023 年 1 月 11 日。

业技术综合应用的体现。现代汽车上除了钢铁、合金、塑料和橡胶外，还有大量半导体元器件。大部分汽车零部件都经过了精密加工和焊接才能通过质检。那些酷炫的跑车，往往使用了大量昂贵的碳纤维材料，而碳纤维贵就贵在其高温制造工艺的高耗能上。

> **小问题**
>
> 同等重量、同等动力的车行驶同等里程，是直接烧汽油的车碳排放高，还是烧汽油火力发电，再用这些电驱动的车碳排放高？如果考虑从生产到报废的全生命周期呢？比起燃油汽车，电动汽车当前既不节能又不降碳，报废起来还不环保，为什么国家仍要大力发展电动汽车？

（三）第一产业碳源

中国的第一产业（包括农、林、渔、畜牧四大子行业）总体而言是一个创造碳汇的领域。但净负碳排放，不代表它就没有碳排放。这就好比某天甲砍了 40 棵树，又种了 60 棵树；乙既不能说甲一来二去没砍树，也不能说少砍树就没有积极意义。农业总体而言具备一定碳汇能力，但因为存在较多碳排放源，其碳汇规模相对有限；林业贡献大量碳汇；渔业有碳排放，但不多；畜牧业碳汇不可小觑。

由联合国粮食及农业组织资深统计学家、气候变化专家弗朗西斯科·图别洛与意大利研究人员合作撰写，发表在《自然－食物》2021

年 3 月刊的报告指出，世界粮食体系占全球人为温室气体排放量的三分之一以上。其中，粮食的生产阶段占排放总量的 39%，土地利用及其相关因素占 38%，分配阶段占比为 29%。在主要经济体中，中国的粮食体系排放量最大。[①]

但因为中国人的膳食结构中谷物占比较大，肉食也以猪肉和禽肉为主，人均豆制品、奶制品和牛羊肉消耗量较低，且农、林业贡献的碳汇量也大，所以从净碳排放量的角度看，中国人进一步改善膳食结构的努力并不会成为全球碳中和事业的负面因素。反倒是一些南美洲国家为了跟风逐利，砍伐原始森林腾出土地，以向膳食结构以肉食为主的发达国家提供牛羊肉、牛油果等高排放产品。这般竭泽而渔、杀鸡取卵的农业发展方式并不可取。

农业、林业是利用光能，通过植物将二氧化碳转化为有机物，再

◎ 联合收割机

---

① 《粮食体系在全球温室气体排放量中占比超过三分之一》，联合国网站 2021 年 3 月 9 日。

将这些有机物构成的物质成果向社会供应的行业。这个转化过程正是大名鼎鼎的"光合作用",在自然界中本就广泛存在。祖先当初还在树上生活时,就享用过这些野生农作物。不过,化肥、农药、农膜(地膜、大棚膜)、农业机械、灌溉、犁地、播耕等保产增收用品和措施在自然界可没有。其中化肥使用过程中所产生的氧化亚氮与甲烷是其中最大的碳排放源,占比常年高达60%。[①]尤其是种植大豆需要高强度施氮肥。

养殖业则又把种植业的碳转化过程倒转了180°,动物们吃的是植物、饲料,打嗝放屁排出的是二氧化碳和甲烷。在室内养的猪和鸡还好办,能通过大型养殖建筑的空气循环系统进行集中处理,而在户外散养的牛、羊、鸭、鹅、鱼、虾、龟、贝等可就一点办法都没有了。其中占到粮食体系碳排放35%的甲烷,主要就来自畜牧业,尤其是牛、羊、鹿和羊驼等反刍动物。

另外,随着电气化水平的提高,在2020年,全国第一产业用电量占比也达到了1.14%。

食品工业尽管归类于轻工业,但它同时也是第一产业的下游产业,这里也应当提及。大家吃的鲜活鲮鱼,碳排放自然没有经过深度加工的豆豉鲮鱼罐头高。土豆碳排放当然也比薯片低得多。加工、包装、保鲜、运输都各有其代价。在粮食体系中,食品包装的碳排放占5.4%,冷链运输碳排放占5%。这么说来,一包空运至连云港入境,再通过卡车运抵霍尔果斯的真空包装冷冻阿根廷牛肉,用炭炉烤熟后,便可算得上地球上单位碳排放量最高的食物之一。而在霍尔果斯吃用电烤箱烤的当地莫乎尔牧场生产的现宰新鲜牛肉,碳排放则要小得多。

---

① 王宝义:《中国农业碳排放的结构特征及时空差异研究》,《调研世界》2016年第9期。

小问题

　　为什么牛的碳排放量会显著高于其他反刍动物？有没有办法显著降低它的碳排放量？

（四）生活用电

　　随着社会主义经济建设的顺利开展，我国人民的可支配收入越来越高，家用电器的普及率也连年攀升。这些电器在给人民带来获得感的同时，也在大量消耗着电能。2020 年，城乡居民用电占比达 14.58%。按照第七次全国人口普查结果：2020 年 11 月 1 日中国总人口为 14 亿 1178 万来算，人均用电量达 775.5 度（千瓦时），相较 2019 年的 733

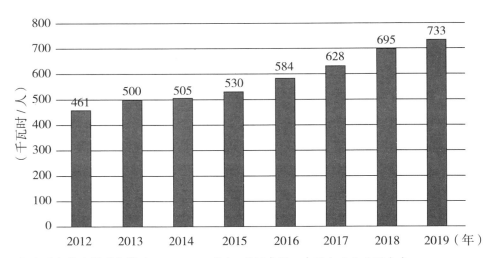

◎ 中国人均生活用电量（2012—2019 年）　数据来源：中国电力企业联合会

度又有了明显增长。这些电大约可以使一般家用电热水壶烧开 7550 升水，或者 8 盏 11.1 瓦的节能灯持续工作近 3520 小时。

在奔小康的道路上，人均生活用电量无疑还将达到新的高度。尽管这部分用电属于生活必需，且在总用电量中占比不高，但它因为用户分布最广，输电损耗最大。恰恰因为如此，它也是较有优化余地的部分之一。

居民用电源中最为突出的是制冷设备，它们为了使空气维持一定的温度，需要长时间不间断运行。制冷设备中的压缩机通过耗电将冷媒压缩成液态，再让冷媒在常温常压下蒸发为气态，这个挥发过程可以带走许多热量。冷媒就是这样，在两条管道中流动，在液态与气态之间循环往复。常见的冷媒 R22、R32、R401A 等都是氢氟碳化物，时间一长就难保不会泄漏到大气中去。老百姓说的"加雪种"指的就是补足泄漏掉的冷媒。

小问题

你知道上个月家里用了多少度电吗？家中的空调、冰箱功率是多少？所用电量占全屋电器耗电量的百分之多少？

（五）环保治理

填埋处置的生活垃圾，在细菌的作用下，其中的生物质分解产生二氧化碳和甲烷，以及其他气体，即所谓垃圾填埋气。垃圾填埋气通

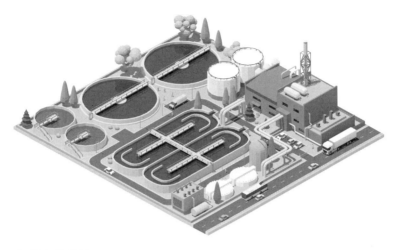

◎ 污水处理厂

常采用集中燃烧的办法进行处理，将其中的可燃成分转化为二氧化碳等物质，释放到大气中去。

至于焚烧处理的垃圾，碳排放则比填埋法更加凶猛，毕竟其中的有机物可是全部变成了二氧化碳。尽管我国的资源热力电厂既能通过焚烧垃圾发电，还能无害化处理废气、废水和废渣（粉尘），但二氧化碳还是只能排放掉。

总之，填埋法会占用大量土地资源，焚烧法在处理过程中会对大气环境造成影响。政府倡导居民减少产生垃圾、进行垃圾分类，让厨余垃圾折返做肥料或养殖昆虫饲料、让可回收物折返回收再利用，最为主要的考量就是为了尽可能减少填埋、焚烧的垃圾总量，进而实现降碳。

在工业流程末端，比如上述的垃圾焚烧发电完毕后，治理废气、废水和废渣，需要大量耗材和能源。以废水举例，如果要将其清洁至城市自来水标准，需要使用超滤装置和反渗透装置，前者耗材料，后者耗能源。这些还只是一般污染物，那些含有毒性、腐蚀性或重金属的有害废料，比如电动汽车的电池，处理起来成本更高。

（六）军事活动

尽管有着 14 亿人民组成的血肉长城的坚强守卫，我们得以远离战争，且和平安定也是这个世界的主旋律，但在世界范围内，热战、演习、军备竞赛与军火贸易却片刻未曾停歇。军事设施的建造与运维，军事设备的测试、制造与维护，军事人员的衣食住行，给各国带来了沉重的经济压力，也带来了巨大的碳排放。

迫于政治因素，军事活动碳排放一直被排除在《京都议定书》和《巴黎协定》等气候条约之外，无法被系统地调查与监管。全球责任科学家组织的斯图尔特·帕金森博士在他的《军队的碳足迹》报告中估计，全球军事活动的碳排放量大约占到总碳排放量的 6%。

大概仅除军人的思想文化教育培训外，几乎所有的军事活动统统都有着高耗能、高耗材的特点。为了应对极端战场，保障性能与可靠性，战争机器的耗油量往往顾不上那么多节能考虑，采用粗放式设计。枪支零部件、弹药的生产也是高耗能、高排放产业。另外，军队还会向企业采购按军规标准生产的产品，军用产品通常也比民用产品要求高，如耐用性强、保质期长等，这就无形中增加了许多碳排放。调兵遣将也势必要牵涉后勤运输车辆的油耗问题。运维庞大的海外军事基地、对他国领空领海进行每日抵近侦察、隔三岔五联合多国进行实弹演习等，此类对外性质的军事行为也会制造日常碳排放。

此外，热战的碳排放由于其档案的机密性，根本不会出现在公开资料中。一旦热战规模升级，涉及导弹、炸弹、炮弹、地雷投入实战，其造成的氮氧化物类温室气体的排放量将难以估量。此外，热战会对基础设施如机场、楼宇、高架桥、高速公路、钢铁厂、油料库等造成沉重的打击。即便当地仍存在不少看似还坚挺的建筑，但其实其内部结构早已饱受冲击波影响，成了危楼。战后拆除、重建这些设施又会

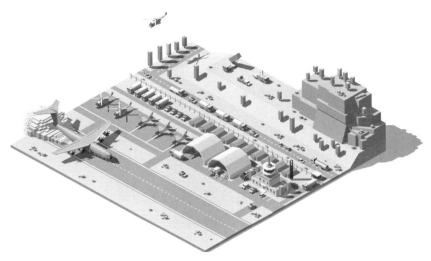

◎ 对于维持军事基地需要多少碳排放，人们往往讳莫如深。

使碳排放激增，这部分碳排放属于建筑碳排放，而战争却大大加速了其更替周期。此外，森林、湿地、农田在战争的摧残下也会释放许多二氧化碳。

（七）信息技术

超级计算机、服务器、个人电脑、手机、平板电脑、路由器、网关、交换机、5G 基站、信号塔等支持现代信息技术运行与发展的一切设备，其能耗总和并不是一个可以小觑的数字，而且还在与日俱增。2G 时代手机电池能用半个月，5G 时代则少说要一天一充，后者容量还是前者的数倍之多。我们平时访问的网站，即便没有访问量也不会停机，就像丧葬用品店即便门可罗雀也不会暂停营业；而当访问量越大时，往往就得去租用规模越大的服务器，能耗开销自然就越高。尽管随着芯片的工艺制程越做越小，能耗和发热不断降低，但仍难以满足数字经济蓬勃发展对算力即计算性能的无限渴求。无论集成电路如何发展，单位效率如何提高，都将因为新的需求不断出现而增加总的功耗。更何况，现在有大量对算力、效率和发热要求不高的应用场景，还在广泛使用低端工艺制程如45纳米的芯片。

自移动互联网时代开启以来，社会整体对移动设备的需求上升，对个人电脑的需求下降。但移动设备的算力还远远不能与个人电脑相提并论，那么，更多的计算工作就会从原先分散、小型、本地的模式，向集中化、大型化、云端化变迁。以人工智能绘图为例，旧的模式是我非得买一块高端显卡装在自己的电脑上，指挥程序帮我画图；而新的模式则是我可以在手机浏览器上向提供这项服务的网站付费，就能获得一张专门为我定制的图片。这个工作过程并没有发生本质变化，只是从线下转移到了线上，服务器凭借强大千百倍的算力替你的电脑干活去了。总之，线下千奇百怪的旺盛需求催生了一大批集数据收集、储存与运算功能于一体的云端数据中心，它们追捧着一个又一个热点，追逐着一笔又一笔热钱，耗着电，散着热，也排着碳。下面让我们来看看，当下究竟是什么活，能让各"生产大队"趋之若鹜，纷纷跑去县城买"驴"（硬件设备）。

1. 加密货币

作为加密货币的典型代表，比特币是其中发明最早（2009年）、总市值最高（2009—2024年全程）的一种。据剑桥大学替代金融研究中心的研究，截至2021年5月10日，全球比特币挖矿的年耗电量大约是149.37太瓦时，若算作一国之耗电量，可排到第30名。国际知名期刊《自然气候变化》上发表的论文则显示，2020年比特币"挖矿"产生了6900万吨二氧化碳，占全球碳排放量的1%。[①]

---

① 《虚拟货币"挖矿"带来超高能耗不能放任》，《中国环境报》2021年6月1日。

令人费解的话就略过了，用通俗的话讲，"挖矿"就是这样一种寻宝游戏：在一片沙漠上，有一个硬币般大小且浅埋在沙面之下的按钮。有一群人在这片沙漠上跑步，有的人跑得快，有的人跑得慢。一旦某个人在跑步时踩中了那个按钮，就会瞬间通过广播向所有人宣告这一消息。此时，这个人就获得了若干加密货币，而按钮则会自行移动到下一个位置，开启新一轮寻宝。同时，沙漠还会变得更大，使得按钮更难被踩中。毕竟靠单打独斗很难踩中按钮，且除了每一轮的幸运儿，其他人都一无所获。为鼓励大家积极参与，而非纯碰运气，跑步者间便达成了一个约定：从按钮这一次被踩中到下一次被踩中之间，根据每个人所贡献的步数多少，按比例分配加密货币（其他团队可能会采用别的分配方式）。随着沙漠面积的不断扩大，久而久之，踩中硬币的所需步数从 20 万步，变成了 2000 万步、20 亿步……

在这整场游戏中，无论是跑步，还是踩按钮，都是毫无意义的行为。踩中按钮继而向全体跑步者宣告的这种机制才是有价值的，它被称作"区块链技术"。投入的是全球各地的计算机开足马力进行运算给出的庞大工作量的代价，产出的却是一本毫无意义的账簿。所以，加密货币并不存在价值，而它的价格则是通过想象与共识，在交易市场人为赋予的。这个套路无非就是我拿 10 张大饼丢在地上挨个踩一脚，你拿 20 张大饼丢在地上挨个踩一脚，咱俩一合计，反正大饼的损失覆水难收，不如给踩一张大饼这个行为赋予价格，吸引大家一起来踩大饼，炒作"大饼币"。2022 年 5 月，加密货币 LUNA 币从 410 亿美元市值闪崩至几近归零，将其实际价值暴露无遗。

加密货币因具有去中心化、匿名和安全的特性，可以作为一种不受监管的无国界货币使用。但实际上，这些特性不仅本身不太站得住脚（毕竟加密货币的持有者是一个个活生生有数据足迹、有信息安全漏洞的人），还常被需要逃避政府监管的黑灰产业利用，如走私、违禁

品交易、行贿、逃税、敲诈勒索、恐怖主义活动等，对国际社会的繁荣安定百害而无一利。再加上加密货币价格波动大，更多人其实将其视为一种金融资产在炒作，而非价格稳定的货币在流通。

碳中和事业本就步履维艰，此刻正不宜制造无用之物，为满足一己私利而添乱。待人类进入太空时代，就算有人去其他恒星系建造戴森球来"挖矿"，也没人拦着。

2. 人工智能

除了"挖矿"，同样使用大量算力的还有人工智能的研发和运营。但后者毕竟是在针对性地做有用功，且对大众尚未出现挣热钱的利益驱动力，产生的碳排放可远远比"挖矿"要小得多。但鉴于其市场潜力，最终会朝着什么方向发展还未可知。

据美国研究人员估算，美国 OpenAI 公司仅为开发具有 1750 亿个参数的 GPT-3，就消耗了 1287 兆瓦时的电力，排放了 552 吨二氧化碳。而该公司最新的 GPT-4 则保密了相关数据，可能是出于避开环保方面质疑的考量。而研发仅仅是第一步，随着谷歌、微软等企业将人工智能引入其搜索引擎为用户提供服务，全网用户争相调用人工智能的空前局面在 2022 年首次出现。各家的大语言模型接受大量访问，并处理了数不胜数的提问申请。由此可见，人工智能的广泛、高强度及长期应用是决定其碳排放规模及增长趋势的关键因素。

小问题

请查阅资料，看看区块链技术与人工智能技术能通过何种方式助力碳中和事业？

第三章

碳往何处去

——节能降碳与负排放技术

一、碳中和的基本思路

从前一章我们大致了解了碳排放主要都有哪些源头，那么这一章我们就来了解实现碳达峰、碳中和的具体路径。

大家想一想，对于我们想要且多多益善的东西，比如财富，通常智慧的做法是什么样的呢？答案是"开源节流"。如果缺乏一夜暴富的机遇，那么最简单朴素的办法就是多挣、少花，这样势必会越来越有钱。

那么，对于我们不想要的东西，比如温室气体，又该怎么做呢？相信聪明的读者马上就能想到，只要将"开源节流"的逻辑反向运用：减少排放、增加吸收，不就成了？没错，这正是碳中和事业最朴素的实现路径。

目前，中国的碳排放量仍远大于碳汇量。通过后面的内容，大家将了解到提高碳汇量是一项极为艰巨而又漫长的工作，所以节能降碳才是中国碳中和事业的唯一希望所在。赶在 2060 年之前，如果我们能将年碳排放量缩减至，比如，25 亿吨，碳汇量对应补足至 25 亿吨，那么这份呈递子孙后代的答卷就算合格了。

2022 年 3 月，在经过 40 多位院士、300 多位专家及数十家单位一年多的系统性研究后，中国工程院发布了《我国碳达峰碳中和战略及路径》报告，该报告提出了八大战略、七条路径和三项建议。

（一）八大战略

1．节约优先战略。秉持节能是第一能源理念，不断提升全社会用能效率。

2．能源安全战略。做好化石能源兜底应急，妥善应对新能源供应不稳定，防范油气以及关键矿物对外依存风险。

3．非化石能源替代战略。在新能源安全可靠逐步替代传统能源的基础上，不断提高非化石能源比重。

4．再电气化战略。以电能替代和发展电制原料燃料为重点，大力提升重点部门电气化水平。

5．资源循环利用战略。加快传统产业升级改造和业务流程再造，实现资源多级循环利用。

6．固碳战略。坚持生态吸碳与人工用碳相结合，增强生态系统固碳能力，推进碳移除技术研发。

7．数字化战略。全面推动数字化降碳和碳管理，助力生产生活绿色变革。

8．国际合作战略。构建人类命运共同体的大国责任担当，更大力度深化国际合作。

（二）七条路径

1．提升经济发展质量和效益，以产业结构优化升级为重要手段实现经济发展与碳排放脱钩。

2．打造清洁低碳安全高效的能源体系是实现碳达峰碳中和的关键和基础。

3．加快构建以新能源为主体的新型电力系统，安全稳妥实现电力

行业净零排放。

4. 以电气化和深度脱碳技术为支撑，推动工业部门有序达峰和渐进中和。

5. 通过高比例电气化实现交通工具低碳转型，推动交通部门实现碳达峰碳中和。

6. 以突破绿色建筑关键技术为重点，实现建筑用电用热零碳排放。

7. 运筹帷幄做好实现碳中和"最后一公里"的碳移除托底技术保障。

（三）三项建议

1. 保持战略定力，做好统筹协调。在保障经济社会有序运转和能源资源供应安全前提下，坚持全国"一盘棋"、梯次有序推动实现碳达峰碳中和。

2. 强化科技创新，为实现碳达峰碳中和提供强大动力，尤其是必须以关键技术的重大突破支撑实现碳中和。

3. 建立完善制度和政策体系，确保碳达峰碳中和任务措施落地。加快推动建立碳排放总量控制制度，加速构建减污降碳一体谋划、一体推进、一体考核的机制，不断完善能力支撑与监管体系建设。

一言以蔽之，在源头集中捕集、降碳，并妥善储能；在链条与末端节能；对于难以避免的碳排放，则通过提高碳汇量进行冲抵。在革命性的技术出现之前，这就是碳中和事业的基本思路。从更宏观的层面来看，碳中和事业还能十分自然地融入减污治污、保护臭氧层、保护水土植被、保护生物多样性的绿色生态文明整体发展格局中去，达到一石多鸟的效果。接下来，就让我们沿着第二章的线索，看看我国在各个领域都具体采取了什么措施、进行了什么规划吧！

二、能源降碳

各类能源的定义

类别	包含	特点
化石能源	煤炭、石油、天然气	皆为矿产有机燃料
清洁能源	光能、水能、风能、地热能、核能	不排放大气污染物或温室气体，即大气中性
可再生能源	光能、水能、风能、地热能、生物质能	不依赖矿产资源
低碳能源	光能、水能、风能、地热能、核能、生物质能	单位能量温室气体排放量比煤炭和石油低

（一）化石能源

为什么说言减排必谈节能？因为使用化石能源势必会产生碳排放，这是由其化学性质决定的（碳氢化合物通过剧烈燃烧转化为二氧化碳，同时释放化学能）。但将化石能源这种近现代主流能源的消费量削减至零，绝非一日之功。因此，我们只能在不断发展替代能源的同时，想方设法降低化石能源的碳排放、提高化石能源的利用率。

首先，要尽可能调整化石能源的消费结构，先实现内部替代，再寻求外部替代。我国拥有丰富的天然气资源，应加大、规范对单位碳排放量较低的天然气的开采与消费，进一步削减煤炭消费，逐渐减少

原油消费。由此节约下来的煤炭与原油，就可以投入经济效益更高的化工领域。

其次，要对化石能源进行更加细致的预处理，进一步提高纯净度，提高其热值与燃烧效率，降低污染。如煤炭可以进行气化，制成一氧化碳和氢气；也可以进行液化，制成燃油；还可以制成水煤浆（由65%的煤、34%的水和1%的添加剂组成）。

再次，还要不断提高燃煤发电的综合效益，这一点可以通过关停落后小型火力发电厂（机组瓦数越低效率越低）、普及先进技术、普及热电联产（使用废热加热水或空气，使其直接用于工业或供暖）、提高智能化来实现。正因为我国的电力支柱是燃煤发电，所以国内燃煤发电厂较早采用了超超临界技术。目前，世界上能量效率最高的煤电发电机组，是上海外高桥第三发电公司的两台100万千瓦中国国产超超临界燃煤发电机组。[1]

尽管上述工作不能显著降低化石能源的碳排放，但却可以使其产生更多的电能，变相地降低了化石能源的消费量、开采量、采购量，减少了运输量。

这就好比一个数学成绩不好的学生参加高考，最后一查成绩，只拿了46分。后来有位做老师的亲戚给他复盘：首先，他应当把更多的时间分配给中小题，而不是去跟那些大题死磕。其次，他应当甄别出中、小题里哪些他做起来最有效率，先去做那些题，有时间再去做其他题。最后，他应当好好检查自己做过的题，尤其要避免在那些简单的题上丢分。虽说他的水平就摆在那里，无论如何也考不到100分以上，但同样的两小时，如果他采取了正确的策略，他的成绩没准就能提高到77分，考上本科的机会就大大增加了。

---

① 《中国再次刷新火电机组最低煤耗世界纪录》，国家能源局网2011年2月18日。

最后，应积极推进燃煤发电碳捕集系统改造。如果既不想放弃燃煤，又想要低碳，那么还有堵在火力发电厂家门口将二氧化碳一网打尽这个办法。如果能将 90% 以上燃煤发电产生的二氧化碳捕集、利用或封存（Carbon Capture, Utilization and Storage，简称 CCUS），那么煤炭也能成为一种相对低碳的能源。况且高纯度二氧化碳本身还是一种非常实用、泛用的化工原料。然而，《中国碳捕集利用与封存年度报告（2023）》称，加装 CCUS 设施的燃煤电厂发电效率会降低 20% ~ 30%，发电成本增加约 60%，总的来说还是很不划算。

我国目前已建成全球最大的清洁煤电供应体系，执行着全球最低的排放指标。截至 2022 年，我国 94% 的煤电机组已完成超低排放改造，其中高参数 30 万千瓦以上的机组占比超过 80%。但也正因为如此，燃煤发电的减排空间已然见顶，且继续减排困难重重，耗资不菲。另外，在全球都在关停淘汰火力发电厂的大背景下，由于清洁能源在稳定性和供应能力上存在不足，例如干旱会严重削弱河流水能发电量，截至 2022 年我国仍在新增煤电产能以避免正常供电受到影响。因此，通过大规模多元发展支柱性清洁能源，逐步减少对煤电的依赖，才是唯一正途。这就好比要想抵抗侵略者进犯，把木矛削得再尖锐，都抵不上一把皮实耐用的波波沙（PPSh-41 冲锋枪）。

（二）生物质能

生物燃料，又称生质燃料、生态燃料或生质能，泛指由生物质组成或萃取而成的固体、液体或气体，大多提取转化自农作物或农业废料，以乙醇、各类油料和甲烷为主。

以当前中国的耕地面积和人口基础，农作物产量仅能保证基本的粮食安全。由于还需要通过进口食品丰富餐桌，且畜牧业对饲料需求也大，因此基本没有富余农作物可以大规模用作燃料。尽管中国的乙醇产量世界排名第三，但主要供应化工业，极少作为燃料使用。因此，生物燃料主要被欧洲、北美洲、南美洲等人均耕地面积较大的地区生产、消费着。

在中国，最广泛使用的生物燃料是沼气（主要成分为甲烷）。1920 年，中国第一个家用沼气池在广东汕头建成。1979 年，农业部在成都成立了沼气科学研究所，研发了一种规模小、建价廉、维护易的厌氧沼气池，此后沼气池在农户家中的普及率不断上升。根据一些农村地区的农业产业特点，尤其是农作物废料、牲畜粪便资源比较丰富的地区，还集中建设了一些大中型沼气池。沼气池一方面可以大大压缩上述垃圾的体积，另一方面又能变废为宝，给农户供暖、供电、供肥。比如原本不便处理又明令禁止焚烧的秸秆就可以用来制沼气。另外，将沼气作为生活燃料使用后，农民不必再砍伐树木用作柴薪，又变相增加了碳汇。不过，近年来，随着农村电网逐步完善、煤气罐配送更加便捷，加之农村空心化、农业集中化等现实原因，许多农家沼气池遭到了弃用。

◎ 沼气发电厂

由于不含杂质，生物燃料烧起来比石油清洁得多。但其作为一种有机燃料，原理与化石燃料并没有什么区别，如沼气就与天然气成分相近，燃烧仍然会排放大量二氧化碳。全面综合考虑，棕榈、大豆等作物制成的生物燃油的碳排放与石油相当，甚至还更多；而玉米、甘蔗等作物制成的生物乙醇的碳排放亦达石油的一半之多。人们为了开垦生物燃料农作物用地，往往还需要砍伐森林——如有着"地球之肺"之称的亚马孙热带雨林，这既减少碳汇量，又会提高碳排放量。另外，在粮食危机频发的当今国际社会，将明明可做口粮，可使无数饥民果腹的生物质拿去做燃料，这种做法是否人道尚存争议。而且生物燃料的原料资源过于分散，种植、收割、集中、处理、运输过程都会耗能并产生碳排放，这使得它在减碳方面的优势大打折扣。

仅针对秸秆、牛粪、地沟油、厨余垃圾等生物废料而言，与其让它们腐烂产生温室效应更强的甲烷白白释放到大气中，还占地方碍观瞻，倒确实不如用来生产生物燃料。这便是脱离农作物的第二代生物燃料的理念，但资源分散的通病在其身上更加凸显，收集利用的难度更大。

另外，随着全球气候变化，水土流失加剧、干旱强度增强和时间延长、自然灾害发生频率上升，所有生物燃料原料的产量都会受到严重负面影响。无论是从粮食安全还是能源安全的角度看，发展生物燃料都需要我国政府慎之又慎。将生物燃料这样一种可再生能源作为补充性、应急性能源发展无可指摘，但作为能源支柱合适性存疑。

作为替代化石燃料之旅的第一站，经过十年以上的试验，生物燃料已被美国等国家证明是可行的。但其无法从根本上打破"每发多少电，就要烧多少燃料；每烧多少燃料，就要排放多少二氧化碳"（即以碳化合物为储能载体）的百年魔咒。为了提供同样多的能量，天然气的碳排放约为标准煤的46.5%、石油的65.8%。而即便用天然气完全替代煤炭和石油，碳中和目标也仍遥不可及。因此，任何在低碳程度上不比天然气能源优越许多的能源，从长期来看都不适合我国，只能作为达峰前后的阶段性、辅助性替代品。作为参照，核能的综合碳排放还不足煤炭的百分之一，用核电为汽车提供动力，远比生物燃料低碳；核原料的富集程度也比生物质原料高太多。而风电、光电只需占一块荒地就能运转，还不太耽误这块地的其他用途，生物燃料却需要大量占用有限的耕地。这一切注定了生物燃料尽管能在《碳达峰》中饰演配角，却只能在《碳中和》剧组跑龙套。

（三）风能

　　人类利用风能的历史也颇为悠久，远至石器时代的木制帆船，近至 1229 年荷兰人发明建造的第一座风车，都标志着智慧的先民早就注意到风能作为一种能源的潜力。我们祖祖辈辈风干腊肉等腌制食物，其实也是利用风能将水分子卷走。

　　风力发电机是一种机械装置，可以将流动的空气所携带的动能转

◎ 海上风力发电厂

化为电能。风能是一种清洁能源和可再生能源，建成后，发电时不会产生碳排放或任何形式的污染。另外，由于风力发电机占地比较小，对生态破坏也较低，拆除后做简单处理即可恢复环境原貌。

但是，风力发电机建筑成本比较高昂，其中以海上风力发电机最贵。由于风能是一种自太阳能转化而来的能量，根据日地运动的规律性，每台风力发电机的年发电总量大体上是稳定的，但日夜差异、瞬时差异和季节差异却很大。因此，风能不仅不是一种稳定的能源，还会加大电网负载的波动，除非能与合适的储能技术相搭配：不直接进入电网，而是先经储能设施转化为稳定的电流，再按需进入电网。

风力发电仅适合一些风能资源丰富、地广人稀、地形平坦、地势较高、农林用价值低的地区，或者沿海地区。这些地区往往离主要工业区或城镇距离遥远，输电损耗大。尽管二十一世纪以来，风力发电发展势头强劲，但受到上述限制，增量仍主要集中在欧盟、北美、印度和中国等地。目前，中国是风力发电装机量第一大国，占比超过全球总量的三分之一。

总而言之，风力发电的缺点就在于靠地而生、看天吃饭。如果能通过技术改良，逐步降低门槛、降低成本、提高智能化水平以及实现与工业结合就地利用，将其转变为一种灵活、廉价、稳定、易用的能量来源，那么它的巨大减排潜力就将真正得以释放。

小问题

理论上来说，如果温室效应减弱，地球平均气温下降，以现有装机量，年风力发电总量会发生什么变化？

（四）太阳能

俗话说"万物生长靠太阳"，其实归根结底，化石能源、生物质能、风能、水能都曾是太阳能的一点边角余料。温室气体随手多拦截一点太阳能，就能造成平均气温上升、海水变暖，可见其威能之大。晒盐、晒粮食、晒被子衣物，都是人类对太阳能的日常运用。

太阳能是一种清洁能源和可再生能源，相关设备、设施建成后，发电、产热时不会产生碳排放或任何形式的污染。太阳能的利用，目前主要分为光伏转换与光热转换两种，一些太空飞行器上的太阳帆还可以实现光动转换。

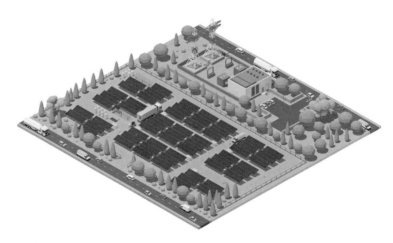

◎ 光伏发电厂

以半导体为原材料的太阳能板可以实现光伏转换，将光能转化为电能。太阳能板的大小、形状灵活多变，小至电子手表上的，中至建筑物屋顶上的，大至太阳能电厂里的。中国自主研发制造的空间站——天和核心舱，就配有一对单翼面积67平方米、总发电能力18千瓦的太阳能电池翼。

太阳能板造价不菲，在制造过程中还会用到一种具有强大温室效应的气体——三氟化氮。太阳能板的寿命只有 20 ～ 30 年，报废后如不妥善处理，会造成不小的重金属污染。另外，光伏发电比起风力发电更不稳定，风力无非风大风小，光伏不仅夜间不发电，非晴天还会大打折扣。好在光伏太阳能板可以部署在电器附近，也可以使用电池储能，需要时再按需释放。而那些建设在偏远荒地的太阳能发电厂，则面临着与风能发电厂一样的难题。

光热转换的设备、设施则要更加环保，但毕竟热能的使用限制要大得多。通常人们使用太阳能热水器加热生活用水和泳池水，用太阳灶在户外烤熟食物，用太阳能蒸发器净化淡水等。此外，光热转换后，还可以再进行热电转换。二十世纪末，由于那时太阳能板的制造成本要比现在高得多，世界各国开始兴建光热发电厂作为替代。直到近年，随着新技术的引入，光热发电设备的成本降低，我国也上马了一批光热发电项目。

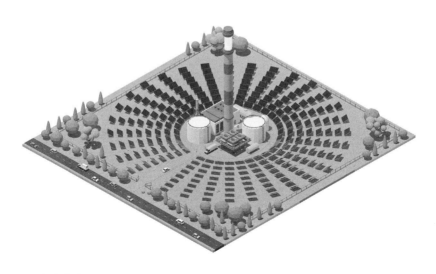

◎ 光热发电厂

　　首航高科敦煌 100 兆瓦熔盐塔式光热电站，是国内首个 100 兆瓦级光热发电站，也是目前全球聚光规模最大、可 24 小时连续发电的熔盐塔式光热电站。该电站占地面积 800 公顷，设计年发电量达 3.9 亿度，每年可减排二氧化碳 35 万吨。这类光热发电厂使用一圈可以控制角度的定日镜阵列，将照射过来的阳光统一反射汇集到中央的吸热塔上，加热塔顶的熔盐。熔盐受热融化，部分用于加热蒸汽带动汽轮发电机组发电；其余部分储入绝热盐罐，待日落后用于发电。在日出前，冷却的熔盐又会被送回塔顶，如此循环往复。

　　光热发电的优点是污染小、发电稳定性较光伏发电强，缺点是占地面积大、对地形的要求也比光伏发电高，选址不灵活，离用电者往往更远。

　　对于占地多和发电不稳这两个问题，近些年出现了一些新型项目，如鲁能海西州 700 兆瓦风光热储多能互补项目。该项目总装机容量 700 兆瓦中，含风电 400 兆瓦，光伏 200 兆瓦，光热 50 兆瓦，储能 50 兆瓦。这种综合项目极大弥补了单一能源发电的各种不足，使得发出来的电可以顺利与电网相适配。

　　总的来说，太阳能是一种遍布全球、总量巨大的资源，且开发潜力比其他能源加起来都大，但受限于人类当前的技术水平，将其转化为易用的电能尚不够高效、方便。相信在不远的将来，得益于新技术、新材料的运用，尤其是储能技术的升级，太阳能将真正得以成为人类能源支柱之一。从积极的角度看，太阳能本就是全球气候变化的决定性要素，将太阳能转化为其他能量形式为人类所用，尽管尚且杯水车薪，但对减缓变化进程也有一定贡献。事实上，地表的所有植物便可谓是一个天然的广域太阳能转化储存系统。

小问题

请根据科学知识，展开想象，到了 2121 年，人类可能会通过什么样的设备收集、转化太阳能？（提示：仿生学、激光晶体、纳米机器、地球"遮阳伞"）

（五）核能

太阳说到底就是一个天然巨型核聚变反应堆，它的能量源属于核能。1945 年 7 月 16 日，美国新墨西哥州托立尼提沙漠，爆炸装置"小工具"（The Gadget）平地一声惊雷，拉开了核子时代的序幕。1954 年 6 月 27 日，苏联奥布宁斯克核电站成为世界上首个接入电网的核电站，核能开始了它或短暂或悠长的为人民服务的历史。

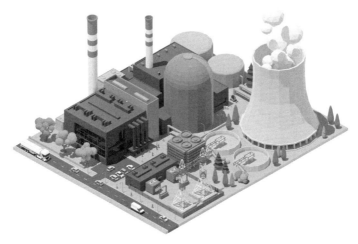

◎ 核能发电厂

核物理学告诉我们，构成物质的各种元素，如碳原子，并不是物质世界最小的基本单元。原子的内部还有一个微小的核心，由至少一个质子和零到若干中子组成。质子与质子间有着非常强的互斥电磁力，它们是由一种叫作"强相互作用"的力，强行聚在一起的。就像尽管兄弟姐妹间会吵架、打架，但只要老妈一出场，这个家就不会散。

但世事无绝对，兄弟姐妹间矛盾太大还是会各奔东西。以铁元素为界，比铁重的原子核由大家分裂成小家，而比铁轻的原子核由小家聚合成大家，都会释放强相互作用场中蕴含的巨大质能。上述两个过程，就被称作核裂变与核聚变。

质能你不一定听说过，但著名的质能方程 $E=mc^2$ 你一定有所耳闻。这个伟大的方程揭示了物体质量实际上就是它自身能量的量度，这极大地拓展了二十世纪初物理学家的视野，也启迪了后来的核物理学家与工程师。目前人类对核能的利用，简单来说可以分为可控与不可控两种。

不可控核能，其实就是原子弹的能量源。原子弹被装在载体如东风 -41 之类的导弹上，获得打击能力，就成了核武器。核导弹在卫星的指引下，可以在长途跋涉后更精准地命中目标。这就是"两弹一星"三者相结合的成果。

尽管投入实战的核武器迄今就只有第二次世界大战末期美国投放到日本广岛、长崎的那两枚；但也有观点认为，二十世纪下半叶被"使用"得最多的武器，正是核武器。于人类而言，幸运的是，核武器结束了世界大战；更幸运的是，核武器并没有被掌握在个别国家手里，而是形成了核制衡，将大规模热战遏制至今。《孙子兵法·谋攻篇》曰："上兵伐谋，其次伐交，其次伐兵，其下攻城；攻城之法为不得已。"核武器形成了大国相互间的战略威慑，正是以"谋"止战。比起举国之力造军备、平均两万发子弹击杀一个士兵（第二次世界大战的数据）还没完没了的热战，核武器在减少碳排放方面可谓功不可没。

由于核武器能释放大量能量，苏联曾在二十世纪探索其民用化应用。在周密计算和严格控制下，核爆炸曾被尝试用于扑灭天然气田大火、开凿运河、河流改道、挖水库，甚至辅助采矿和采油，但这些应用实际上仍可能造成放射性污染。这些看似疯狂的工程活动节约了大量炸药，客观上使得大量温室气体（主要是氧化亚氮）免于排放。由于目前氢弹的聚变反应仍需靠核裂变点火，所以在发明纯聚变氢弹，即真正清洁的核武器前，此类有污染地下水风险的方案已基本被弃用。

中国的核武器发展战略自始就一贯是防御性的。目前，我国维持着一个规模较小，但部署灵活、二次打击能力极强的核武库。凭借我国领先的核武器技术，人民解放军得以以相对而言非常低的成本与碳排放量，维持一道坚不可摧的"核长城"，使得中国人民免受要挟与欺辱。我国倡议其他拥核国家也将核武器限制在国防所需的相应水平，以降低不必要的核武器维护成本与碳排放，降低核冲突风险。毕竟在核武库上内卷又没有什么实际效益，这东西宜精不宜多。

可控核能，则是核电厂的能量源。所谓"可控"指的是既维持原子弹的链式反应不断，又缓慢释放那磅礴的能量，必要时还能停下来。其技术难度比利用不可控核能要高得多，其中可控核聚变技术还有待一代又一代人继续摸索。目前商用的核电站，绝大部分采用的是可控核裂变式轻水型反应堆。根据国际原子能机构的报告，截至2021年6月，全球范围内共有443所核电厂在33个国家运行，另有52所正在建造中。

在这些国家中，美国的核能发电量遥遥领先，而法国的核电占比最高，中国近20年的核电规模增长速度最快。中国核能行业协会发布的2020年核电生产数据显示，截至2020年12月31日，我国大陆地区运行核电机组共49台，全年累计发电量为74170.40亿千瓦时，占全

国累计发电量的 4.94%。

尽管可控核能是清洁能源，不会排放大气污染物或温室气体，但以目前的技术，无论是裂变核燃料的开采，还是裂变核废物的处理，都会产生极大的污染，碳排放自然也少不了。尽管可控核能不是可再生能源，核燃料的储备也不是那么大，但仍足以支撑人类步入核聚变时代。可控核聚变则是完全清洁的，其原料也近乎取之不尽、用之不竭。

可控核能的减排能力巨大。与燃煤发电相比，2020 年中国核能发电相当于减少燃烧标准煤 1.047 亿吨，减少二氧化碳排放 2.744 亿吨，减少二氧化硫排放 89.03 万吨，减少氮氧化物排放 77.51 万吨。[①]

相对于风能、太阳能、水能发电而言，可控核能的稳定性要强得多，还可以调节输出功率。核燃料棒只需定期更换，体积小，运输成本低。其缺点则和火力发电比较相似——重启的成本高，且需要尽可能久地保持中高电力输出水平，否则不经济。总而言之，核电站的持续运行时间越长、总寿命越长，综合发电成本及单位碳排放也就越低。

可控核能最大的缺点就是安全性令人担忧。尽管慎之又慎，历史上还是出现过若干次 4～6 级核事故和两次影响范围广的 7 级特大核事故——1986 年切尔诺贝利核事故和 2011 年福岛第一核电站核泄漏事故。

目前主流的核反应堆都是第二代反应堆，包括上述出事故的两个。更安全、更经济的第三代反应堆正崭露头角。我国自主设计，且实现 100% 自主生产的第三代反应堆"华龙一号"已成了国内新建核电站的首选。目前，"华龙一号"已出口巴基斯坦并建成投产。而风险进一步

---

① 田力：《碳中和视角下的核能贡献》，《能源》2021 年第 5 期。

降低、运行更稳定高效、核废料产生更少，甚至不需要依靠水资源的第四代反应堆也正在紧锣密鼓地研发当中。如我国第四代的甘肃钍基熔盐实验堆已于2023年6月获批投入试运行。这个实验堆十分迷你，功率只有2兆瓦，但方便小型化也是该方案的一大优势，大型船舶都可以将它安排进去。由于钍基核燃料的原料资源量较大，且难以武器化，将来实用化后十分适合向其他国家出口，成为普惠核能。在向核聚变时代过渡的过程中，可控核裂变发电有望成为燃煤发电的主要替代方案，成为二十一世纪后半叶的能源新支柱。

小问题

请查阅相关新闻与资料，了解2023年8月24日福岛第一核电站事故核污染水排海的始末，再了解我国是怎样处理核废料的，以及为什么核废料处理过程中产生的碳排放量不可小觑？

（六）水能

水能与风能相似，是流动的水分子所携带的动能，按照不同载体分为河流水能、潮汐水能、波浪能、海流能等，其中人类所利用的水能以河流水能为主。水无处不在，地球表面约七成由水覆盖。在阳光和潮汐力的作用下，地表水的运动永不停歇。由于各大文明都发轫于江河流域，水于人类而言有着特殊的意义，与水相关的活动也成为人类生活中重要的一部分。在观察、体验过水那万马奔腾般的力量后，人类便萌生了利用水能的想法。水车就是古人利用水能进行农业灌溉的省力利器。后来古人还发明了水磨坊，用以加工粮食。

在合适的河流区域，人们兴建起水库，并用水坝将河流拦腰截断。水坝中设有水力发电机，当水闸开启，高处水库中的水通过水坝倾泻而下，就可以带动发电机发电。

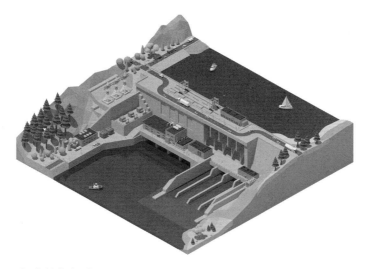

◎ 水坝发电厂

水能是一种清洁能源和可再生能源，设施建成后，发电时不会产生碳排放或任何形式的污染。但是就水坝发电（以下简称的"水电"均指水坝发电）而言，水库占地面积大，对周边生态环境会产生不可逆转的巨大影响，甚至还会波及下游生态，产生深远影响。水电建筑本身消耗大量水泥，碳排放也并不低，建成一个水坝的碳排放量与数十个同等规模火力电厂一年的排放量相当，水电建筑的建成成本通常十分高昂。

另外，水库相当于一个河流途经的人工湖，底部会淤积上游河水带来的泥沙和生物质，这些淤泥在不断减少水库容积，即水电站寿命的同时，生物质还会被厌氧菌分解产生温室气体甲烷。这种现象在温度较高的热带与亚热带地区尤为明显。如果这些生物质没有被水库截住，而是顺流而下，最差也就化作二氧化碳，最好则能成为海藻的养分。可别忘了，甲烷的温室效应比二氧化碳强得多，而且在大气中平均需要 8 年才能转化为二氧化碳。

不过话说回来，水电的稳定性与可调控性是清洁能源中最强的，只要按需取用即可，这就跟水龙头可以拧大、拧小、拧紧一个道理。如果在某一时刻某一区域出现了用电高峰，就可以让附近的水电站闸门大开，作为补充电力。水电站仅在干旱时为了保障供水需求，以及洪涝时为了减轻下游防洪压力的时候不能发电。

由于技术成熟门槛低，又不依赖于特定矿产资源，水电已成为世界上普及率最高的清洁能源，在世界电力来源构成中也仅排在煤炭与天然气之后。中国幅员辽阔，海拔自西向东逐渐降低，还坐拥长江、黄河等七大水系，水能资源的总储量和总发电量遥居世界首位。这得益于我国广袤的国土涵盖了众多自然条件优越、山水资源丰富的地区。然而水库对中国生态的影响同样不可小觑，因此对水电产能的每一次扩容，都应慎之又慎。

碳中和事业的目的就是撤回人类对环境的部分影响，直至达到环境中性，那么基于环境因素的考量，单纯为了降碳而兴建水电站，继而破坏环境，实为本末倒置之举。因此，河流水能的利用，应在保有存量的同时，不断提高发电质量，延长水电站寿命，并优化设计进一步降低环境影响，不宜为了急于替代化石能源而大肆扩张。

2022 年 8 月 21 日，四川省成都市录得有气象记录以来最高气温 43.4℃，省内多个主力水库蓄水逼近死水位，日发电量直接腰斩。四川省的能源供应高度依赖水电，往年汛期发的电省内用不完，还可以

支援周边省份；但在同期最高温、最低降水量和最高电力负荷的三重压力下，电力供应却面临着前所未有的匮缺局面。21日当天，四川省不得不首次启动突发事件能源供应保障一级响应，积极调度化石能源发电与外省输电支援，全社会也进入"节电模式"。由此可见，河流水能本身就受全球气候变化影响甚巨，它在碳中和事业中能扮演的角色，恰似在波涛汹涌的海面上搭建的脆弱浮桥。

其实，与海洋水能相比，河流水能不过是九牛一毛。潮汐能电站是指将海潮涨落的巨大动能转化为电能的发电站，目前在世界上仍处

◎ 分布式潮汐能发电厂

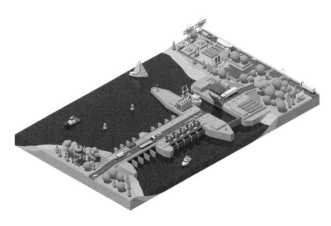

◎ 潮汐坝发电厂

于探索阶段，由于造价昂贵，尚未大规模推广。我国建设投产的世界第四大潮汐能电站——江厦潮汐试验电站，已证明潮汐能电站相较水坝电站具有不用移民、无洪水威胁、规律性强、离用电区近、不影响生态平衡、无污染、潜力巨大、可与海产养殖业结合等优越性。

值得一提的是，2022 年 5 月 30 日，江厦潮汐试验电站改造升级为我国首座潮光互补型光伏电站——浙江温岭潮光互补智能电站，实现全容量并网发电。这也是我国首次将太阳光伏能和月亮潮汐能互补开发的创新应用。该电站预计年平均发电量将超 1 亿度，并全额输入电网，每年可节约标准煤约 31654 吨、减少排放二氧化碳 84479 吨。

小问题

理论上来说，未来随着全球碳中和事业取得卓著成效，温室效应减弱，地球平均气温下降。假设水坝电站装机量保持不变，总发电量会发生什么变化？

（七）地热能

地球的结构就像一个鸡蛋，外层是低温的硬壳，越往深处温度越热。这种热能主要来自放射性元素衰变，会通过岩浆和地下水来到地面，在特定地质结构条件下形成方便人类利用的地热田。

不经转换直接使用是地热能最方便的利用方式——温泉洗浴、地源热泵、地热供暖。若利用这些热能加热水蒸气，推动涡轮旋转，则

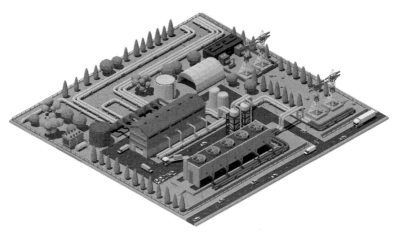

◎ 地热能发电厂

可以发电。过热水蒸气利用完后还可以回注地下水系统，这使得地热能既清洁、低碳又可再生。

2022 年，全球地热发电装机量约 16.13 万兆瓦，美国、印度尼西亚、菲律宾、土耳其和新西兰位居前五位。中国地热发电装机量为 53.45 兆瓦，仅占全球 0.33%。这是因为中国的地热资源主要分布在藏南、川西、滇西等偏远地区，且在政策方面还没有得到有效支持，市场主体对开发地热能的热情不足。地热能发电厂的前期投入较高，在未能形成规模前，发电价格较贵。如果能对其进行政策倾斜，实行补贴，地热能形成规模接入电网后，将大大降低成本。如冰岛地热发电成本折合人民币仅约 0.2 元 / 度。

（八）不同能源的碳排放对比

2011 年，中国工程院开展了对不同发电能源链温室气体排放研究项目，得出如下数据（g·CO$_2$/kWh：每发一千瓦时电力排放多少克二氧化碳）：

煤电链：1072.4g·CO_2/kWh。包括煤炭生产环节、煤炭运输环节、燃煤电站建造、运行和退役环节以及电力输配环节4个生命周期阶段中温室气体的直接排放和间接排放。

核电链：当前我国核燃料循环前段（包括铀矿采冶、铀转化、铀浓缩、元件制造、核电站燃料供应相关环节）的实际温室气体归一化排放量为6.2g·CO_2/kWh，考虑了核燃料循环后段（乏燃料后处理和废物处置）情况后的总的温室气体归一化排放量为11.9g·CO_2/kWh。

水电链：0.81 ~ 12.8g·CO_2/kWh。

风电链：15.9 ~ 18.6g·CO_2/kWh。

太阳能链：56.3 ~ 89.9g·CO_2/kWh。

由此可见，无论用哪一种清洁能源来替代燃煤发电，碳排放都可以降至十分之一以下，现有碳汇量就不再望尘莫及了。随着技术的发展，清洁能源的发电成本与二十世纪相比已有大幅降低，纷纷跌至燃煤成本线以下。但高昂的初期投资和建设难度仍令许多发展中国家望而却步，这些现实考量自然拖缓了弃煤化的进程，亟待通过国际合作纾困。

根据国家统计局的数据，2022年，我国发电装机容量256405万千瓦，比上年末增长7.8%。其中，火电装机容量133239万千瓦，增长2.7%；水电装机容量41350万千瓦，增长5.8%；核电装机容量5553万千瓦，增长4.3%；并网风电装机容量36544万千瓦，增长11.2%；并网太阳能发电装机容量39261万千瓦，增长28.1%。全年水电、核电、风电、太阳能发电等清洁能源发电量29599亿千瓦时，比上年增长8.5%。

（九）储能技术、电力调度与削峰填谷

之前介绍各种能源时，一直都在强调该能源发电的稳定性、灵活性，以及接入电网的适配性；而鉴于它们大都不怎么稳定、灵活和适配电网，那么就必然会出现一个问题：供给侧发电过剩。

在需求侧，大部分用电设备都不是全天候运转的，总的来说，它们的耗电时段往往与人的工作时间重合——换言之，与太阳能配合较佳。在夜晚，尤其是深夜，许多工业用的"电老虎"都会纷纷关机。这就造成了一天的瞬时用电功率呈一条有峰有谷的波浪曲线。再考虑到周末、逢年过节、工厂开张倒闭、行业旺季淡季等因素，全国上下的用电曲线一直处于一种波动的状态。

而在供给侧，电基本只能现发现用。主力电厂都需要保持一个中高发电状态，遇到用电高峰时就开足火力，或者启动峰值电厂；鉴于主力电厂多为火力发电厂和核电厂，遇到低谷时也只能硬着头皮继续发电，最多将功率稍稍调低一点。

这就好比在一个空心的橡胶球里囚禁着一个可恶的小魔鬼。为了逃出去危害人间，小魔鬼会用三叉戟一刻不停地左戳戳，右戳戳；但只要戳的力气不够大，球就不会被他戳破。每一天，他都有一个机会猛地一戳。外面的看守如果发现某天这猛地一戳就快戳破球了，就只好将橡胶球裹厚一大圈，继续保证小魔鬼怎么也戳不破。就算小魔鬼次日戳球的力气变小了也罢，反正这球裹厚了就很难再削薄。

至于风能和太阳能这些看天吃饭的能源就更不稳定了，有机会就发电，没机会就闲置，发出来的电质量又差，还得费些周折才能将一部分接入电网。这"东风"可不是说借就借的，需要的时候动不动掉链子，给借的时候没准又不需要了——大晚上的，风吹给谁听呢？

在一个地区、一段时间内，发电量与用电量之间的差距，就是过剩电能。通常来说，在某一时刻，社会用电需求越低，发电过剩的功率就越高。过剩电能如果坐视不管，很快就会变成无用的废热耗散掉。发这些电本身就有碳排放，热能一耗散，又会助力气候变化，这实在是一个令人头疼的难题。

我们可以将发电站比喻为一家奇怪的饭店：这家饭店只有早中晚时段有客人陆续前来吃饭，厨师团队却 24 小时不间断地炒着菜。炒剩没人及时吃掉的菜全都倒掉了。最让人头疼的是，这家饭店（指大多数清洁能源发电厂）还位于交通不便的郊区，附近的客人并不多。那么，这家饭店都有哪些办法可以减少浪费呢？

1. 储能

这家饭店可以购置一台冰箱，将炒好的菜保鲜，有客人来吃的时候再加热；或者也可以把菜装进料理包抽真空保存，这样可以存放一年之久。只要有足够的储备，将来无论多么顾客盈门，饭店都能招呼得来。

储能就是利用各种媒介，将人类获取到的能源转化、储存起来，使其不至于耗散过快，以便在或远或近的未来按需转化为稳定的电能。

储能技术是人类能源利用中最为薄弱的环节，现有技术要么材料

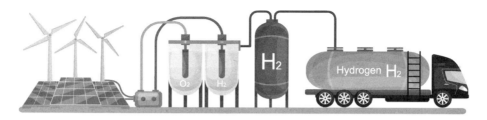

◎ 对于风能与太阳能而言，将其所发的电通过电解水制氢的形式，把能量储存下来，再将氢气压缩并运输到用户终端，发电使用或运用于工业、交通、建筑领域，是一种较优的方案。如果运输氢气的卡车本身也是氢能驱动的话，那么这个过程就基本实现了完全绿色化。

要求高造价昂贵，要么能量密度低，要么耗散速度快，要么转化不易导致一来一去损耗高。主流储能技术按照转化方式，分为机械能储能（如水库抽水）、热储能（如熔盐）、电化学储能（如电池）、其他化学储能（如制氢）和电磁储能（如超导）。它们各有优缺点，共同特点则是相关的设备都太笨重或体积太大。其中，制氢是比较有前景的减排方案，这是因为氢气不仅能作燃料使用，还能替代一氧化碳在化工流程中充当还原剂，使得此类环节产生水而不是二氧化碳。

搭载于国产电动汽车上的电池，价格一般在 3 万~8 万元，重量相当于 3~4 名成年乘客。要知道，其用途仅仅是储存携带最低只需十几元的电，驱动电机将 1~7 名乘客送达目的地而已。随着基础科学的突破，未来一定会出现革命性的小型储能技术，大大减少发电浪费；还能使得电动汽车充一次能畅游神州，彻底替代燃油车辆；甚至造出电动大型客机，大幅降低航空碳排放。

2. 电力调度

这家饭店可以开展外卖业务，让城市那头的人足不出户也能吃上饭店的菜。

我们常常听到的"西电东送"，就是指将在中国西部适合利用风能、太阳能、水能、煤炭的地区所发的电，用特高压输电技术，不远千里输送到工业发达的东部地区。远距离输电的损耗不小，但总归比浪费要好。2022 年，我国已建成跨省区特高压输电通道 35 条，特高压"西电东送"电量超过 6000 亿千瓦时，70% 以上的输电为清洁能源。随着地区间均衡化发展与城乡间均衡化发展的推进，各地能源需求结构将更加合理，未来会有更多的电能实现就地、就近使用。

不同地区间、不同国家间都有不同的发电特点和用电特点，如果相互间可以展开深度合作，那么就可以通过电力调度来实现优势互补、应急互助与资源互换。比如，甲国太阳已下山时，乙国还有 1 小时才下山，那么甲国就可以向乙国购买 1 小时分量的太阳能所发的电力，通过跨国输电线缆输过来使用。又比如，一阵大风先吹过甲国，再吹向乙国，那么这些风能在双方需求不饱和的情形下，甲国发的电可以先给乙国用，晚些时候乙国发的电再给甲国用。

2017 年 5 月，中国国家发展和改革委员会与国家能源局共同发布《推动丝绸之路经济带和 21 世纪海上丝绸之路能源合作愿景与行动》，倡议加强"一带一路"能源合作，加强沿线国家电力互联互通，如"疆（新疆）电外送"。

3. 削峰填谷

这家饭店可以搞优惠活动，鼓励客人在饭点以外的时间来吃饭。

正是因为现在的储能技术还不成熟、不够普及，用电单位才应主动积极适应发电规律，重新调整开机时间，更加均衡地使用电力。如果有不少用电单位能避开目前的用电高峰期，转而在用电低谷期用电，那么用电曲线就会从大幅波动的状态向小幅波动转化。峰值降低，即所谓"削峰"，谷值提高，即所谓"填谷"。

为了倡导削峰填谷，2021 年 7 月 29 日，国家发展和改革委员会发布了分时电价新机制，要求各地结合当地情况推行分时电价，提升电力系统整体利用效率，促进能源绿色低碳发展。

分时电价简单理解就是对电力进行分时段计价，最典型的分时电价就是目前很多地方已经推行的峰谷电价。新的分时电价机制把一天 24 小时分成高峰、尖峰、平段、低谷、深谷等多个时段，每个时段的电价都不一样，高峰和低谷的电价差在 3 ~ 4 倍之间。

分时电价优惠政策在一定程度上会促进以"熄灯工厂""熄灯仓库""熄灯机房"为代表的产业自动化的发展，国家也乐见企业通过这种形式合理利用电力资源，实现双赢。

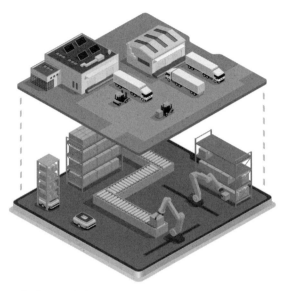

◎ 智慧熄灯仓库

小问题

　　请查询资料，看看各类储能技术具体都有哪些，并制作一张表格对比它们各自的特性。可以从适合的能源类别、初期投资、持续运维成本、技术难度等维度进行考察分析。

三、工业和建筑降碳

我国碳中和事业面临的最主要的矛盾，就是基础设施建设需求缺口与炼钢、煅烧水泥等重工业领域迫切需要大幅节能降碳之间的矛盾。在第二章就提到过，炼钢既要开采、运输铁矿石，还要使用燃煤所发的电，又要消耗大量焦炭，是碳源界的"大户"。2020 年，钢铁行业占全国碳排放总量的 15% 左右，水泥行业占全国碳排放总量的 13.5% 左右。如果我国从明天开始停止挖煤、烧煤、炼焦、炼钢、煅烧水泥生料，那么后天就可以碳达峰，2060 年碳中和更是板上钉钉的事。

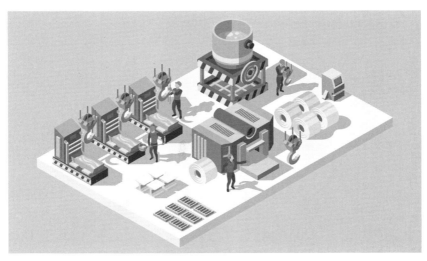

◎ 作为一个工业大国，冶金是基础中的基础。

然而，世界钢铁协会发布的《2021 年世界钢铁统计数据》显示，

2020 年全球粗钢产量为 18.78 亿吨，同比增长 0.5%，2015—2020 年的粗钢产量年均复合增长率为 3%。2020 年，中国粗钢产量达到 10.53 亿吨，同比增长 5.2%，占比达到 56.7%，较 2010 年提高 12.2%；成品钢材表观消费量为 9.95 亿吨，同比增长 9.1%，占比达 56.2%，较 2010 年提高 11.5%。

也就是说，哪怕其他国家将所产粗钢和成品钢全部卖给中国，中国也还得再自产一些才够用。另外，我国的钢铁生产量和消费量仍稳居高位。2022 年，全国粗钢产量 101795.9 万吨，同比下降 1.7%；钢材产量 134033.5 万吨，同比增长 0.3%。因此，我们只能自己想办法调和这一矛盾。

2022年主要工业产品产量及其增长速度[①]

产品名称	单位	产量	比上年增长（%）
纱	万吨	2719.1	−5.4
布	亿米	467.5	−6.9
化学纤维	万吨	6697.8	−0.2
成品糖	万吨	1486.8	2.6
卷烟	亿支	24321.5	0.6
彩色电视机	万台	19578.3	5.8
家用电冰箱	万台	8664.4	−3.6
房间空气调节器	万台	22247.3	1.9
一次能源生产总量	亿吨标准煤	46.6	9.2
原煤	亿吨	45.6	10.5
原油	万吨	20472.2	2.9
天然气	亿立方米	2201.1	6.0
发电量	亿千瓦时	88487.1	3.7

---

① 相关部门对 2021 年部分产品产量数据进行了核实调整，2022 年产量增速由相关部门按可比口径计算。

续表

产品名称	单位	产量	比上年增长（%）
火电①	亿千瓦时	58887.9	1.4
水电	亿千瓦时	13522.0	1.0
核电	亿千瓦时	4177.8	2.5
风电	亿千瓦时	7626.7	16.2
太阳能发电	亿千瓦时	4272.7	31.2
粗钢	万吨	101795.9	−1.7
钢材②	万吨	134033.5	0.3
十种有色金属	万吨	6793.6	4.9
精炼铜（电解铜）	万吨	1106.3	5.5
原铝（电解铝）	万吨	4021.4	4.4
水泥	亿吨	21.3	−10.5
硫酸（折100%）	万吨	9504.6	1.3
烧碱（折100%）	万吨	3980.5	2.3
乙烯	万吨	2897.5	2.5
化肥（折100%）	万吨	5573.3	0.5
发电机组（发电设备）	万千瓦	18376.1	15.0
汽车	万辆	2718.0	3.5
其中：新能源汽车	万辆	700.3	90.5
大中型拖拉机	万台	40.0	−2.8
集成电路	亿块	3241.9	−9.8
程控交换机	万线	883.8	26.3
移动通信手持机	万台	156080.0	−6.1
微型计算机设备	万台	43418.2	−7.0
工业机器人	万套	44.3	21.0
太阳能电池（光伏电池）	万千瓦	34364.2	46.8
充电桩	万个	191.5	80.3

---

① 火电包括燃煤发电量，燃油发电量，燃气发电量，余热、余压、余气发电量，垃圾焚烧发电量，生物质发电量。

② 钢材产量数据中含企业之间重复加工钢材。

◎ 来源:《中华人民共和国 2022 年国民经济和社会发展统计公报》

◎ 值得注意的是,水泥的产量较上年相比略减 10.5%,太阳能电池较上年显著增加 46.8%,新能源汽车较上年暴增 90.5%,低碳转型成果已现。有朝一日,当化石能源、钢铁和水泥产量均呈现连续五年以上下降趋势时,便意味着碳达峰。

◎ 被住建部通报,责令整改的荆州关公圣像,建设耗资近 1.73 亿元,迁移总耗资需 1.55 亿元。

首先,从需求侧出发,基建不可能停。我们将坚定围绕 2050 年达到中等发达国家水平这一目标,依照既定蓝图,一边作调整,一边持续推进建设。一张蓝图绘到底的做法,决定了中国基建现状与目标之间存在着一个碳排放总量。如何压缩这个总量才是我们应当关注的事情。假设到 2050 年全国范围内的大型基建项目基本告成,碳排放量届时就会出现断崖式下跌,我们便有 10 年的充裕时间与足够的空间去达成碳中和。为此,我们要集思广益,多做科学研判,以建设百年工程的态度审视基建项目,不能走到哪算哪,不能搞豆腐渣工程,更不能铺张浪费。

其次，还要加紧研发下一代低碳建筑耗材，加快提高建筑垃圾的回收利用率，发展模块化建筑，推广普及低碳建筑设计。

最后，从供给侧出发，重视产学研结合与人才培养，提高传统重工业企业科技创新水平，多采用清洁、可再生能源，不断改进生产制造工艺，淘汰落后产能。

可喜的是，2024 年底，闪速炼铁技术 [1] 通过中试即工艺验证，商业化落地指日可待。相比传统工艺，闪速炼铁可以降低约三分之一的能耗，用氢气替代焦炭，加速冶炼，提高产品纯度，易于一步到位炼钢，并可直接使用国产低品位铁矿石原料，而无需进口高品位的铁矿石和焦炭。这些优势将使得单位生铁的综合碳排放大为下降，"国产绿钢"有望在国际市场取得显著优势地位。

其他工业企业大体上也应当遵照同样的路径，不遗余力地优化用能、生产、包装、仓储、物流等环节。企业应主动提高工业自动化水平，提供三班倒的相应工作岗位，平衡日夜间的产能，拉平用电峰谷。碳中和事业并不要求企业因噎废食，而是要求企业循序渐进地升级改造，提高智能化水平和管理水平，像挤海绵一样，将不必要的碳排放量挤出来。

从宏观层面看，我国还应加速产业转型，跳出人口红利舒适圈，积极发展高门槛、高附加值、低碳低污染（或做好配套处理措施）的高端制造业，将原先生产牛仔裤的劳动力人口升级转移至国产大飞机供应链流水线。

---

① 张仁杰、张文海:《闪速炼铁技术研究进展》,《有色金属（冶炼部分）》2024年第 11 期。

四、其他碳减排

（一）交通碳排放

缩减交通碳排放的关键在于排放集中化，换言之，就是大力推进交通工具的电气化。使用化石能源的交通工具，其动力能源是分布式的，打比方说就是所有的马儿自驮粮草，能随时补充能量，能源的消耗和排放较为分散。而电气化的交通工具，之所以说它能将排放集中化，打比方说就是所有的马儿都只能在驿站定点补充能量，在集中区域进行"能量处理"，在行驶过程中不再产生分散排放。

马儿在哪吃草、吃多少草，这个可以暂且不管，因为燃煤发电驱动汽车确实不见得就比汽油直接驱动汽车碳排放来得少。但是马儿在哪排便、有没有配套下水管道，这个咱就得管管了。电动车的主要优越性就在于其气体排放是完全集中化的，换言之也就是发电和输电时的排放。无论是二氧化碳也好，氧化亚氮也罢，这些温室气体都是可以在其产地集中捕获、处理的，有操作的空间。以核废料为例，核废料是人类制造出来最危险的污染物之一，但只要集中处理得当，大概率不会对地表环境产生影响。温室气体如果是以汽车尾气的形式排放掉，那就覆水难收了，你在这儿排一点，我在那儿排一点，排出来的温室气体热量还高，招呼也不打就直奔九霄云外去了。

集中化还带来另一个好处，那就是作为用电终端的电动汽车，会随着发电、输电、充电、储电技术的节能降碳而节能降碳。而发展了一个多世纪的燃油汽车，其优化空间已然见顶。纵使化石能源中的能量可以 99% 转化为汽车的动能，也只能比当今的极限水平再降低一半碳排放而已。而电动汽车的单位碳排放量却只会随着技术水平发展，以及清洁能源对化石能源的替代而日渐降低，孰优孰劣不言而喻。

另外，电动车总体而言比燃油车低速工况能耗低很多、保养频次低且易保养，这些特点客观上也减少了用车过程中的碳排放。

除了一部分内燃机车还在烧柴油外，我们平时出行乘坐的地铁、高铁等轨道交通，也都已经实现了电气化，这都得益于轨道是固定的，列车可以全程接电。电动自行车则是普及率最高的电动交通工具，为快递、外卖、家电安装维修、牛奶报刊订购等行业降低了碳排放。

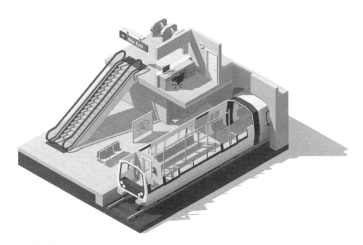

◎ 地铁

2022 年 8 月，海南省印发碳达峰实施方案，提出全省到 2025 年，公共服务领域和社会运营领域新增和更换车辆使用清洁能源比例达 100%；到 2030 年，全面禁止销售燃油汽车，除特殊用途外，公共服务领域、社会运营领域车辆全面实现清洁能源化，私人用车领域新增和更换新能源汽车占比达 100%。

然而，限于目前的储能技术水平，电动汽车所携带的电池存在造价昂贵、重量大、体积大、寿命短且容量会随之衰减、畏寒、充电慢、易起火等问题，它们都是阻碍电动汽车进一步普及的客观障碍。另外，电池的生产与报废都是高排放、高污染行业。据新能源电池回收利用专业委员会的预测，截止到 2027 年，动力电池累计退役量将达到 114 万吨。到 2030 年，动力电池退役量或将增长至 350 万吨。退役电池的回收处理、环境污染防治等一系列难题亟待解决，只有这些难题得到很好的解决，电动汽车行业才能得到更稳健的发展。

（二）第一产业碳排放

第一产业对碳中和事业的贡献潜力不可小觑，这主要是指可持续发展的第一产业既可以创造碳汇，也能改善生态环境。

在减排方面，主要是减少化肥的使用，以及提高农机电气化。过去的数十年间，种植业严重依赖化肥，导致中国耕地土壤养分严重失衡。采取循环生态农业思路，使用有机肥（农家肥）、科学施肥，不仅能降低成本、改善农作物的品质，还能减少化肥生产与分解过程中释放的温室气体。引入生物天敌治虫，也比施打农药更加环保。

我国农业机械化的水平在不断提升，但农业机械的能源还是以燃油为主，如果能提高农业机械电气化水平，或者至少用天然气替代柴油，也可以降低碳排放。

可喜的是，由于近年农业碳排放持续下降，而碳汇量仍维持上升趋势，至 2019 年，中国耕地的净碳汇提高到了 5.4 亿吨。[①]

---

① 吴昊玥、孟越、黄瀚蛟、陈文宽：《中国耕地低碳利用绩效测算与时空分异》，《自然资源学报》2022 年第 5 期。

在增汇方面，主要是退耕还林，增加林业规模。《中华人民共和国森林法》依照用途将森林划分为防护林、用材林、能源林、特种用途林、经济林五个林种。其中，经济林涵盖的是其利用价值不在或不主要在于其木材价值上的树种，比如荔枝树种下来基本上就不砍了，到了季节只收荔枝。生态林则主要包括防护林和特种用途林，基本不砍，也不允许采取大面积的垦复、松土、割灌、除草等抚育措施，经济效益远低于生态效益。用材林顾名思义就是利用其结构主体作为材料使用的林种，包括竹林。而能源林则是以生产固体、液体、气体燃料等生物能源为主要目的的林种，如桐树林。

在一些关键性的生态区域，如河流沿岸，种植生态林可以起到涵养水源、减少水土流失的作用。在一些昼夜温差大、坡度大、向阳面大的非平原地区则适合种植经济林，尤其是高附加值的经济林。有部分经济林的生态效益也非常不错，比如安徽省砀山县有名的果树砀山梨，不仅成了当地的经济支柱，还大大解决了长年以来令人头疼的沙尘暴、土壤盐碱化等问题。[1]台湾省种植油茶树所主要看重的也是其生态环保价值，油茶树不仅能涵养水土，还能吸附尘埃与有害气体。用材林和能源林则应注意可持续发展，科学规划种植。

目前，植被仍是创造碳汇的绝对主力。在牛羊轮牧、合理伐木、防沙造林、减少森林火灾方面，中国积极走在世界前列，成果有目共睹。据多国科研机构专家评估，2010—2016 年，中国陆地生态系统年均碳汇约 11.1 亿吨。其中，西南地区每年产生碳汇 3.5 亿吨，约占全国陆地碳汇的 31.5%。[2]

---

[1] 闫丽珍、闵庆文：《退耕还林中"经济林"和"生态林"的概念和比例问题》，《水土保持研究》2004 年第 3 期。

[2] 《中国陆地生态系统年均固碳 11.1 亿吨》，《中国绿色时报》2020 年 11 月 20 日。

反观巴西，该国为了发展经济，不惜大肆破坏亚马孙雨林。巴西国家太空署通过分析卫星影像追踪森林砍伐状况后指出，截至 2020 年 8 月的 12 个月间，巴西亚马孙雨林共有 11088 平方公里的林地遭毁，面积比牙买加国土还大，环比增长 9.5%，创下 12 年来新高。

在种植、养殖品种方面，我国可以积极引进受到消费者普遍欢迎的品种，因地制宜地种植、养殖，大兴特色农业。这样一来既可以丰富菜篮子，让老百姓吃上物美价廉的外国农产品，还减少了跨国运输过程中的碳排放。

在农产品加工方面，应积极推广净菜。净菜是指新采摘的蔬菜经去除不可食用部分、切分、洗涤、消毒等加工操作后，在无菌环境中真空包装而制成的一种农产品。净菜不仅节约了老百姓的备菜时间与洗菜用水，还能将原本零碎少量的皮、根、叶、茎、籽等有机垃圾集中处理，如制造生物燃料，在产生经济价值的同时，减少碳排放。

近年来，我国农业规模增长缓慢，且正在随着人口达峰而走向瓶颈，未来大概率会随人口下降而缩减规模，在品种方面可能会更加聚焦，且单位净碳汇随技术更新还有上升空间。而在畜牧业方面，2022 年高排放的牛、羊肉产量仅分别增长 3% 和 2%，且牛、羊肉产品的基数远不能与禽肉产量相比，更别说与猪肉产量相比了。在林业方面，2022 年木材产量比上年下降 7.7%，这使得更多树木可以通过光合作用吸收并固定更多的二氧化碳，进而能更有效地固碳。所以从全局、长远的角度看，第一产业作为碳中和事业的得力干将，不仅会为创（碳）汇作出更多贡献，同时还能向老百姓提供更绿色、高质量的食品。

（三）生活用电

空调、冰箱是生活用电中的大户，所以在这些制冷装备上节电刻不容缓。2020年1月6日，新国标GB 21455-2019《房间空气调节器能效限定值及能效等级》出台，被称为"史上最严"空调能效标准。在这一新国标的指挥棒之下，自2021年6月30日起，市面上凡是不符合GB 21455-2019能效指标的空调，一律不再允许销售。

冷媒也是一个需要不断改进的重点。2021年4月，在中法德三国领导人峰会上，习近平主席宣布，中国决定接受《〈关于消耗臭氧层物质的蒙特利尔议定书〉基加利修正案》，加强氢氟碳化物等非二氧化碳温室气体管控。中国政府已对氢氟碳化物的生产加以限制，并提倡提高制冷设备生产标准，使用新型冷媒R290（丙烷）替代R22、R32和R401A。

> **小问题**
>
> 你家的空调用的是哪种冷媒？空调每隔多久就要补充冷媒？请查询资料，了解这种冷媒的特点与发展历史。

（四）环保治理

对于环保治理领域而言，最主要的是通过新技术、新材料实现节能降碳。其中，利用生物手段实现节能降碳的技术发展尤为突出，如利用微生物对有机污染物进行分解处理，在净化环境的同时降低能源消耗。光触媒、螯合剂、可降解材料等新概念、新技术不断涌现，其设计出发点都是"搞环保不费劲"和"搞环保本身亦环保"。

工业企业可以将部分高能耗的污染物无害化工作安排在夜间，配

合削峰填谷进行，如用反渗透技术过滤废水就相当耗电。

为了配合环保企业处理废弃物和污染物，各企业、单位、个人都应主动做好垃圾分类。许多技术手段的施行基础都是废物的高度集中化，集中化了什么都好办，前文提到的净菜就是个很好的例子。

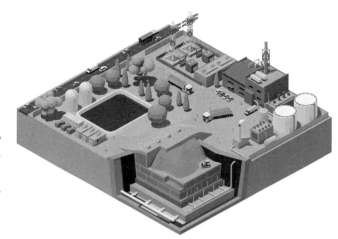

◎ 填埋气发电厂既能将生活垃圾减量化，又消耗填埋气中的甲烷，还能充分利用生物质能发电，但其对垃圾分类要求较高。

（五）军事活动

人类是一个命运共同体，任何军事行动、军事摩擦、军事对峙、军备竞赛都是发生在共同体中不必要的内耗。因此，国与国之间、国家与地区之间以及国家内部，都应当积极寻求用和平的方式来解决争端。随着文明水平的提升，全人类放下武器的一天终究会到来。在那一天到来之前，世界各国都应向中国看齐，将军事规模限制在防御水平，以发展经济为重，从而进入有序裁军的良性循环，而非军备竞赛的恶性循环。穷兵黩武也许能风光一时，到头来却不会有好下场。

即便军事摩擦不可避免，各国也应当首先采用小规模的、克制的武力，不到万不得已不要演变成大规模冲突。不必要的军事活动，如大规模演习、威慑、武器试验、军火贸易等应尽量减少。必要的军事活动如训练、护航、反恐、交流、比赛等则应照常进行。美俄两国的核武库应通过谈判相互削减控制到一个合理水平，节约维护所需的资源。

化学武器的使用对碳中和也有不利影响。1993 年 1 月 13 日，国际社会缔结了《关于禁止发展、生产、储存和使用化学武器及销毁此种武器的公约》，该公约规定所有缔约方应在 2012 年 4 月 29 日之前销毁其拥有的化学武器。而直至 2023 年 7 月，美国政府才姗姗宣称销毁了地球上最后一枚化学武器——一枚载有沙林神经毒剂的 M55 火箭。1961—1971 年，美国曾在"牧场之手行动"中向越南喷洒了以臭名昭著的"橙剂"为主的 7300 多万升化学药剂。"橙剂"通过污染土壤和水体，阻碍农作物和树木的正常生长，摧毁了越南内陆阔叶林和沿海红树林沼泽，不仅至今危害当地百姓，也阻碍了碳中和事业顺利进行。

军事装备的电气化是军事强国先进武器研发的一个重要趋势。电磁炮、电磁步枪可以减少火药的使用。单兵外骨骼提高了士兵的机动性和特定兵种的负重容量。无人机、无人战车的运用则为各种任务提供了轻量化的选择，毕竟只要别捎上那么一两个人，就可以从设计图上删掉一整套的设备及相应空间、荷重。核动力航母、核动力潜艇都比燃油版的性能强、功能多，例如，核动力航母可以通过电磁弹射起飞舰载机。这些先进装备都可以实现原本需要消耗大量石油才能达到的战术目标，进而减少碳排放。

（六）信息技术

1. 数据中心

《"十四五"信息通信行业发展规划》提出，全国数据中心算力要从2020年的90 EFLOPS提升至2025年的300 EFLOPS，相当于新增1680台神威·太湖之光超级计算机的峰值算力。每万人拥有的5G基站数要从5个提升至26个，行政村的5G通达率要从0%提升至80%，过半数人将成为5G用户。这一系列基建产生的量变将引发质变，许多过去不具备实施条件的应用将第一次拥有落地的基础，数字中国正在迅速拉开帷幕。而数据中心作为这一切的核心，无疑是最优先发展的对象。

"十四五"时期信息通信行业发展主要指标

类别	序号	指标名称	2020年	2025年	年均/累计	属性
总体规模	1	信息通信行业收入（万亿元）	2.64	4.3	10%	预期性
	2	信息通信基础设施累计投资（万亿元）	2.5	3.7	〔1.2〕	预期性
	3	电信业务总量（2019年不变单价）（万亿元）	1.5*	3.7*	20%	预期性
基础设施	4	每万人拥有5G基站数（个）	5	26	〔21〕	预期性
	5	10G-PON及以上端口数（万个）	320	1200	〔880〕	预期性
	6	数据中心算力（每秒百亿亿次浮点运算）	90	300	27%	预期性
	7	工业互联网标识解析公共服务节点数（个）	96	150	〔54〕	预期性
	8	移动网络IPv6流量占比（%）	17.2	70	〔52.8〕	预期性
	9	国际互联网出入口带宽（太比特每秒）	7.1	48	〔40.9〕	预期性
绿色节能	10	单位电信业务总量综合能耗下降幅度（%）	—	—	〔15〕	预期性
	11	新建大型和超大型数据中心运行电能利用效率（PUE）	1.4	<1.3	〔>0.1〕	预期性

续表

类别	序号	指标名称	2020年	2025年	年均/累计	属性
应用普及	12	通信网络终端连接数（亿个）	32	45	7%	预期性
	13	5G用户普及率（%）	15	56	〔41〕	预期性
	14	千兆宽带用户数（万户）	640	6000	56%	预期性
	15	工业互联网标识注册量（亿个）	94	500	40%	预期性
	16	5G虚拟专网数（个）	800	5000	44%	预期性
创新发展	17	基础电信企业研发投入占收入比例（%）	3.6	4.5	〔0.9〕	预期性
普惠共享	18	行政村5G通达率（%）	0	80	〔80〕	预期性
	19	电信用户综合满意指数	81.5	>82	〔>0.5〕	约束性
	20	互联网信息服务投诉处理及时率（%）	80	>90	〔>10〕	约束性

注：①〔 〕内为5年累计变化数。②带*的为连续5年累计值。③5G用户为5G终端连接数。

◎ 来源：《"十四五"信息通信行业发展规划》

在 2023 数据中心绿色发展大会上，中国科学院院士宣益民推算，随着全球数据中心用电量快速攀升，2030 年全球数据中心用电量将占全球总用电量的 7% 左右。[1] 可见，在数据中心方面节能降碳正变得日益重要。电能利用比值（PUE）是评价数据中心能源效率的常用指标，PUE 值越接近 1，表示一个数据中心的绿色化程度越高。《"十四五"信息通信行业发展规划》要求在"十四五"规划期间新建的数据中心 PUE 不能高于 1.3。

为了解决东部发达地区对算力的迫切需要与东部能源尤其是清洁能源紧缺之间的矛盾，中国启动了"东数西算"工程。"东数西算"工程是指通过将数据中心集群布局到可再生能源资源丰富的西部地区，

---

[1]《2022 年度国家绿色数据中心名单发布 四川 3 家数据中心入选》，《四川日报》2023 年 5 月 12 日。

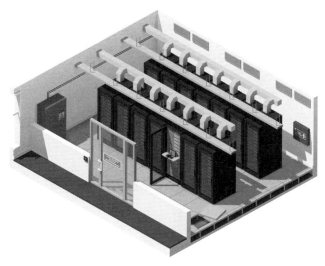

◎ 数据中心机房

如四川、内蒙古、贵州、甘肃、宁夏等地，实现在西部处理自京津冀、长三角、粤港澳大湾区传来的数据，再将处理结果回传东部的工程目标。

这样一来，所有那些对网络延迟不那么敏感的领域，如弱延迟强算力需求的科研领域，都可以将数据交由西部的数据中心存储、处理。一方面，西部的数据中心电力资源丰富，成本较低，且清洁；另一方面，西部地区气候凉爽，能有效降低散热设备的负荷。这就是前面所说的，将高耗能产业就近布局到可再生能源发电厂附近，用"西电西用"来部分替代"西电东送"。毕竟传输数据可比传输电能损耗小、成本低多了，哪怕用大卡车运硬盘，相较之下都不需要多少碳排放。

2. 加密货币

我国曾一度是比特币"挖矿"的头号阵地，各路"矿老板"为了降低成本无所不用其极，例如，就近租用民营水电站、打着科技公司的幌子骗补贴等等，甚至还会使用黑客手段非法劫持个人电脑与服务器成为其奴隶矿工。

提出了碳达峰目标的政府自然不会对此坐视不管。2021 年 5 月 21 日，国务院金融稳定发展委员会第五十一次会议决定："打击比特币挖矿和交易行为，坚决防范个体风险向社会领域传递。"同年 9 月 24 日，国家发展和改革委员会等 11 部门联合发布《关于整治虚拟货币"挖矿"活动的通知》，为深入推进节能减排，助力如期实现碳达峰、碳中和目标，提出了相应整治措施；同日，中国人民银行等 10 部门发布《关于进一步防范和处置虚拟货币交易炒作风险的通知》，为全力维护经济金融秩序，确保金融安全和社会稳定，提出了相应整治措施。2021 年 6 月，内蒙古、四川等省（自治区）就已通过直接断电等方式完成对加密货币矿场的清退。这一波清退断电使得世界全网算力骤减，在清退断电前的 5 月，全网算力一度高达 180EH/s，到 7 月便腰斩至 96EH/s。许多"矿老板"连夜将设备转移到缺乏相关监管的美国，继续挖矿。

好在随着 2022 年以太坊完成合并，比特币挖矿难度越来越大，全球挖矿活动于近几年总算是偃旗息鼓。但第 60 届美国总统对加密货币的大力押注，仍有可能引发新一轮挖矿热潮。

3. 人工智能、边缘计算与物联网

之所以将人工智能、边缘计算与物联网三者放在一块说，是因为三者能有机结合，形成一个非常高效的节能降碳模式，应用到各领域中做优化。边缘计算是指将现场采集到的数据，对于简单、零碎且对延迟要求低的问题，就近在边缘计算终端进行处理；对那些不急且计算量大的难题，以及累积性的观测数据才会上传数据中心。物联网是指将万物，主要是用电器，纳入互联网中，实现远程数据采集、管理甚至相互联动。

以某农村一条道路上的一排智能路灯为例：传统的路灯只能接入

电网，最多也就是自动按时启停。而智能路灯可以在白天通过调整太阳能板的角度，最大化地获得太阳能发电量。一旦传感器检测到电池电压不足，就会通知电工来更换电池（用的是淘汰的电动汽车电池）。过了21时，当边缘计算终端上的人工智能从红外摄像头传来的视频中识别不到任何在移动的人形、车形物体时，路灯就可以全部熄灭。一只猫追着老鼠跑过自然不会惊动它们。而一旦有一个人，比如在别人家玩到很晚才回家的孩子走上这条路，路灯会随着他的脚步次第明灭，送他安全回到家中。当路灯上的烟雾传感器检测到异常，就会将数据发到边缘计算终端进行分析，并初步判断到底是有村民在烧垃圾、烧秸秆、放鞭炮，还是发生火灾，然后通知具体主管部门派人到现场处理。

这个模式在用电设施方面的用武之地最为广泛，尤其是上述那种无人或半无人化的设施、设备。如高级别的无人驾驶不能仅靠激光雷达与人工智能视觉识别，还需要不同车辆和路况分析终端之间达成互联与协调，比如车辆之间可以明确：什么时候该将方向盘往左打5°并持续6秒回正，什么时候需要踩2秒刹车，从而实现厘米级的擦肩而过而互不干扰。前方突发行人横穿马路事件，后方所有的车辆都会收到通知并减速避免追尾。此外，通过智能交通系统，还能根据人流和车流情况进行信号灯调控，做到人多就亮红灯，车多就亮绿灯。处理好数据延迟与遇障安全刹车距离的关系后，还可以灵活实时调整道路限速上下限。城市交通有序、顺畅起来，碳排放自然也就会大为降低。

在发电设施方面，则需要更加全面、丰富的大数据来做智慧发电规划。不必说仅凭今天采集到的数据就要判断明天16时—17时之间该添多少煤、发多少电，哪怕能用过去10年积累的数据来预判明天，误差在+20%以内，都是一件十分了不起的事。过去，发电厂对当地新增或减少多少工厂、生产线、设备，即总能耗将如何变化可谓是一无所知，但当这些数据都上线以后，发电厂就能做大差不差、只多不少但也多得有限的估算了。回到前面说的囚禁小魔鬼的比喻，盲目发电就相当于用裹厚橡胶球来解决问题，而智慧发电就相当于为小魔鬼量体裁一件拘束因衣。与全无规划的盲目发电比起来，智慧发电将更加贴合当地实际用电需求，二者发电量曲线之间的差距就代表着削减下来的大量碳排放。

于 2024 年初发布，于年底迭代达到国际一流水平并开源的国产大模型 DeepSeek，在训练中使用了更开创性的思路和更高效的算法，使得其能以相较传统闭源大模型配置低得多的硬件和能耗被训练出来。其开源性使得世界上任何组织与个人都可以使用足够强大的硬件配置自行搭建一个专用的 DeepSeek，而不再受到科技企业的垄断。这无疑会在淘汰落后生产工具的同时，在世界范围内大大普及人工智能的部署与应用；可预见的是，相关能耗也将因此激增。不过我们不应只看到消极的一面，而应积极将人工智能投入到如上述例子这样的降本增效、节能减排的应用中去。

4. 非冯计算机

现如今绝大多数的计算机仍是依照冯·诺依曼结构设计出来的冯式计算机。它的诞生是为了解决人类最不擅长的繁杂数理逻辑问题，并获得了巨大的成功。但其工作的底层原理，是通过控制能通断电的晶体管来构成逻辑门，表达"真与假"或"1 与 0"，从而进行更加复杂的逻辑运算。晶体管毕竟有电阻，通断电的频率越高，计算速度越快，耗电也随之线性升高，由于晶体管工作时绝大部分电能都转化为热能，导致中央处理器（CPU）温度急剧上升，又需要额外耗电驱动冷却装置以免 CPU 过热熔毁，从这方面看，它作为一个电热转换装置反而成了性能瓶颈。也就是说，冯式计算机是一种输入电能和无序数字信息，输出热能与有序数字信息的装置。比如我输入 4 和 7，要求执行

加法，它就会帮我计算 4+7=11，并拿走我的电费。

与此同时，现实中我们面对的不只有数理逻辑问题，还有大量与字符、图像相关的问题，用冯式计算机来处理字符、图像、视频等信息乃至于责任、爱情、疼痛、市场情绪等抽象概念，效率十分低下，无论算法怎么优化，都只能靠力大飞砖。

大家肯定会好奇，那为什么人类看到一张猫的图片并作出它是猫的判断，能耗要比人工智能小得多呢？你让我分辨一上午也只消耗两个馒头啊！这正是因为神经元工作起来比晶体管功耗低太多了。比起纯粹的电信号，神经元的工作模式是化学 – 电信号交替。我们看见一只猫，准确地说，一个猫状的轮廓，后脑皮层中的一部分视觉神经元就会活跃起来，再通过逐级抽象处理，最终和我们记忆中长年累月建立起来的那个相对模糊的"猫"的概念去比对，只要这只猫不要长得太离谱，通常在电光石火之间，我们就能作出判断：啊，这是一只纯黑色的猫。正因为大脑的强大高效、低能耗、低废热，所以类脑计算机成为了计算机的一种探索发展方向。

因此，但凡我们找到任何可以控制其状态转换的东西，这种转换十分牢靠（非此即彼，不存在中间态或会不受控地自行转换），且具有高频、低功耗的特点，它们都可以用来替代晶体管。光子计算机和量子计算机是当前较有前景的两个研究方向，它们都还处于实验阶段。

光信号有着不受电磁干扰、频率高、功率低的优点，多用于信号的长距离无损传输，如光纤网线和光纤音频线。光子计算机的主要难点在于需要发明一种具备非线性折射率的材料，使得光与光之间可以相互影响（亦即使得甲乙有其一、甲乙皆无、甲乙皆有能明确呈现出三种不同的状态），从而制造光学晶体管以替代传统晶体管。目前的材料性能还不理想。光学计算机基于一些光学特性，在人工智能神经网络与深度学习的效率方面十分有前景。

量子计算则更加跳脱传统思维。正如光子计算机可以利用其固有光学规律几近零功耗零费时地做一次傅里叶变换一样，量子计算机利用的是量子力学中的特殊规律。比如其用来存储数据的对象是量子比特，可以同时处于 0 和 1 的叠加态。因此，量子逻辑门不再像传统逻辑门那样是一个一维的单向输出，而需要用一个二维的酉矩阵表示，操作 N 个量子比特的门则是 $2N \times 2N$ 的酉矩阵。这使得一次有 N 个量子比特参与的量子计算能够并行计算 $2N$ 个数据，换作传统计算机就只能简单机械地将同样规则的计算执行 $2N$ 次。如果 $N=100$，那么量子计算相对传统计算就是 1.26×10^{30} 倍的计算速度。量子计算需要使用特殊的量子算法，利用量子比特的叠加态和纠缠态来构建复杂的多维计算空间，在这些空间中寻找问题的最优解或近似解。在使用特定算法解决特定类型的问题上，量子计算机能够在数分钟之内解决现有超级计算机算到地老天荒才能得出结果的难题。量子计算机的技术难点主要在于量子比特的不稳定性、相互干扰性和操控难度，且规模越大越棘手。如何使一个尽可能多量子比特的量子计算维持尽可能长的时间还不崩溃，哪怕不出错，或者出的错都能得到纠正，是当前科学家重点攻克的难题。一旦通用型的量子计算机被研制出来并投入实用，它将极大压缩计算所需的时间，耗电量和碳排放量也将大为减少。此外，还有大量科研领域如材料学可以受益于这种前所未有的强大计算能力，许多性能前所未有的材料、化工制品（尤其是催化剂）和药物将被研发出来为碳中和助力。

五、碳汇

前面已经介绍了碳排放可以削减的方面，但再怎么削减也是有极限的；超过这一极限继续削减，我们的生活水平就必然要下降。为了维持现代生活方式，甚至还要提高居民人均年耗电量，我们还需要产生更多的碳汇，以中和那些必要的碳排放。

产生碳汇时使用的技术，又被称为负排放技术，顾名思义，它产生的是负碳排放量，可以与正碳排放量相抵相消，乃至达到中和。达到碳中和后，碳汇量越大，容许的碳排放量也就越大。

（一）有机碳汇

有机碳汇是指将二氧化碳转化为有机物的形式进行固化。除了极个别前沿科研项目成果外，目前只有生态系统具备这样的能力，故有机碳汇涵盖了生态系统中所有具备二氧化碳吸收能力的主体，其中功能最强大的就是森林。这是因为森林的生物质容量较其他类型的区域更为庞大，大量二氧化碳被转化为树木的物质组分。森林、草原、湿地、耕地上的植物、真菌与土壤都能创造碳汇，海洋中的浮游藻类也可以吸收海水中的二氧化碳。因此，大部分促进整体生态活跃度的措施都能制造有机碳汇，比如向海洋投放铁盐可以促进浮游藻类的生长。

只要持续加强对有机碳汇载体（如森林等）的保护和种植管理，减少破坏与消耗，人类不仅能收获巨量的碳汇，还能连带改善环境，享受到这些举措带来的好处。目前人类制造的碳汇增量基本上都来自有机碳汇。《2022 年中国国土绿化状况公报》显示，2022 年，我国完成造林 383 万公顷，种草改良 321.4 万公顷，治理沙化石漠化土地 184.73 万公顷。森林面积 2.31 亿公顷，森林覆盖率达 24.02%，草地面积 2.65 亿公顷，草原综合植被盖度达 50.32%。至 2022 年，中国森林植被总碳储量已达 92 亿吨，平均每年可增加森林碳储量 2 亿吨以上，折合碳汇 7 亿～8 亿吨，占全国陆地碳汇总量的 80% 以上。

然而有机碳汇并不稳定，它更多的只是"暂存"于有机物中，这些有机物在机缘巧合下成为化石能源那样的半永久碳储存体的概率并不高，更多的是被食物链上的生物如真菌缓慢消解，或者被一把山火迅速焚毁，再度氧化为二氧化碳释放到大气中。截至 2023 年 7 月，欧盟气候监测机构哥白尼大气监测局的数据显示，加拿大 2023 年各地林火产生的碳排放量累计已相当于同期全球碳排放的 25%，而由于此时大火仍在燃烧，这一数字还将上升。这一教训告诉我们，在发展林业时不能放任植被野蛮生长，必须科学规划，设立并定期维护网格式隔离带，避免将鸡蛋全部放在一个篮子里。由于树木生长普遍存在幼年慢、青年快、中老年慢的规律，其固碳的速度亦符合这个规律，故定期对老树砍伐轮替也是一种提高单位土地固碳效率的办法。总之，并不是不砍树就好，科学砍伐老树，将树木做成家具，并循环利用，相比直接任其老化腐烂或遭遇野火焚毁，最终进行填埋处理，能更有效地将碳较长时间地固定在物质循环中。

另外，值得注意的是，植物活动存在光合作用和呼吸作用两种反应过程。其中吸收二氧化碳的光合作用需要光照条件，且会先随着温度升高增强达到一个峰值，然后普遍会在 30℃～35℃开始暴跌，这一温度范围取决于具体植物的耐热性。而释放二氧化碳的呼吸作用全天候运行，且会随着温度上升而一路加剧。也就是说，每当全球平均气温升高到一定值后，全球就会有一部分植物的年碳排放总量超过年碳汇总量，叛逃到敌对阵营变成气候变化的帮凶。这就好比甲公司的业绩滑坡，甲老板为了保利润肆意克扣销售员应得的福利待遇，于是部分销售员便集体跳槽到同行的乙公司，壮大乙公司业绩后，进一步挤压了甲公司的市场份额。

淀粉是食物中最重要的营养成分，提供了全球八成以上的卡路里。农民辛辛苦苦在广袤的耕地上生产大米、小麦、玉米、土豆、红薯等粮食，主要目的都是借由这些植物进行光合作用，以获取最终产物——淀粉。

2021 年 9 月 24 日，中国科学院天津工业生物技术研究所在《科学》期刊发表论文，宣布首次实现从二氧化碳到淀粉的人工合成。他们借助生物酶，以二氧化碳和电解产生的氢气为原料，在实验室里成功合成了淀粉。该方法从太阳能到淀粉的能量转化效率是玉米的 3.5 倍，淀粉合成速率是玉米淀粉合成速率的 8.5 倍。研究团队成员表示，按照目前的技术参数，在能量供给充足的条件下，1 立方米大小的生物反应器年产淀粉量相当于 5 亩土地的玉米淀粉年平均产量，为淀粉生产的车间制造替代农业种植提供了一种可能。2024 年 2 月，该所所长马延和透露，研究团队已将成本降低了百分之九十九以上，预计三年之内把高附加值的直链淀粉工业化，希望十年之内能够真正形成和农业种植相竞争的路线。该技术落地后，将可能节约90%以上的耕地和淡水资源，减少农药、化肥等对环境的影响。那些质量不高的耕地就可以退耕还林，增加碳汇。

继淀粉之后，2023 年 8 月 15 日，中国科学院天津工业生物技术研究所又与大连化学物理研究所科研团队联合宣布攻克了二氧化碳到糖的精准全合成。合成效率为 0.67 克每升每小时，比已知成果提高 10 倍以上。葡萄糖的碳固定合成效率达到每毫克催化剂每分钟 59.8 纳摩尔碳的效率，是目前已知的国内外人工制糖最高水平。此技术一旦实现工业化，将大大缓解我国糖料短缺的问题，既能减少从巴西和古巴进口糖料造成的交通碳排放，还能顺便固碳。

小问题

　　煤炭制氢需要水、煤炭和电能，产生一氧化碳和氢气；一氧化碳可以与水反应进一步生成氢气和二氧化碳；乙醇梭菌可以利用一氧化碳和水生成乙酸和二氧化碳，再利用乙酸与其他物质经过一系列反应产生蛋白质；人工淀粉制备需要二氧化碳和氢气（氢气既参与反应也供能），产生淀粉。对此你有什么畅想？请查阅相关资料，提出一个合理的综合联产方案。

（二）无机碳汇

　　无机碳汇是指将二氧化碳转化为其他无机物的形式。第二章开头提到过，地球上的碳原子最为富集的储存形式，就是地壳中的碳酸盐，比如大理石、石灰石的主要成分碳酸钙。碳酸盐是永久的碳储存体，那些深藏于地表之下的尤为稳定。只有在特定理化条件下这些碳酸盐中的碳才会被释放出来，比如在水泥高温煅烧成熟料的过程中，石灰石与氧气接触形成二氧化碳，又比如火山喷发。

　　从二氧化碳到碳酸盐的逆过程也是可行的，如钟乳石就是随雨水落地的二氧化碳渗透到地下岩洞空间的产物。人类可以通过工程手段，

从大气中捕获二氧化碳，然后用矿物质与二氧化碳发生反应将其转化为碳酸盐固体封存起来。这种手段叫作加速矿化，它可以将碳永久固定在岩石或建筑材料中，同时还可以改善土壤质量和作物产量。但目前的技术在能耗、反应速率和规模上都还很不理想。

向海洋投放碱性物质，也可以改善海洋酸化，使其增加更多对二氧化碳的溶解量。海洋酸化正是海水溶解了过量的二氧化碳形成的碳酸所致，而碱性物质可以中和碳酸，形成碳酸盐或碳酸氢盐。但此举需要开采、研磨和运输远比现在多的碱矿，在这个过程中产生的碳排放也将相当可观。海洋对二氧化碳的溶解率主要受四个因素影响：温度越高，溶解率越低，所以温室效应越严重越不利于海水溶解；压力越低，溶解率越低，故可以尝试修建管道将二氧化碳排放至深海；盐度越高，溶解率越低，冰川融化会将海水兑淡；pH 值越低，即海洋越是酸化，溶解率越低。

（三）封存碳汇

这类办法则是直接将收集到的二氧化碳贮藏起来，毕竟只要它们不在大气中闲逛，就一切好说。

生物质能源耦合碳捕集与封存（BECCS）与前面提的过生物燃料有关。首先，植物通过光合作用，将大气中的二氧化碳转化为生物质，这部分尚属于有机碳汇。随后，将生物质集中燃烧或转化过程中产生的二氧化碳进行捕集，这部分类似于火电的 CCUS 措施。然后将收集到的二氧化碳进一步压缩和冷却处理后，用船舶或者是管道输送，最后被注入合适的地质构造中永久储存。该手段的缺点同前述生物燃料一样，需消耗土地、化肥、淡水资源等，而且跟火电 CCUS 一样昂贵。

直接空气捕获与封存（DACCS）是一种利用化学或物理手段直接

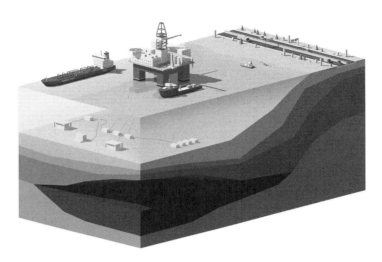

◎ 海上石油钻井平台

从空气中捕获二氧化碳，并将其储存在地质层或其他方式中的技术，可以在任何地点实施，不受土地和水资源的限制，而且储存的碳相对稳定。但该手段需要大量的能源和资金投入，效益还不够理想。

2023 年 6 月，中国首个海上二氧化碳封存示范工程项目在亚洲最大海上原油钻采平台——恩平 15-1 平台正式投用。恩平 15-1 油田是中国南海首个高含二氧化碳油田。该工程的手段是先将原油和二氧化碳抽上平台，再捕集二氧化碳，最后回注至距平台 3 公里远、海床 800米底下的"穹顶"式地质构造中，实现长期稳定封存。按照设计方案，这里每年封存的二氧化碳总量达 30 万吨，累计封存量将超过 150 万吨，相当于植树近 1400 万棵。[①]

碳中和是人类温室气体净排放史的句号，但它并不意味着从此就可以高枕无忧，因为碳中和就意味着温室效应达峰（如果届时事态依

---

① 《我国海上首个百万吨级二氧化碳封存工程投用》，人民网 2023 年 6 月 2 日。

然可控的话）。即便全球在预期时限内实现了碳中和目标，使得人类的碳排放不再影响大气中温室气体的总量，届时温室效应也已深刻地改变了地球气候和整个生态系统。为了让地球回到工业化前的气候，只有继续压缩碳排放，继续扩大碳汇，才能使得温室气体总量呈下降趋势。而那些已经逝去的生命、已经灭绝的物种却再也不会回来了。

所以说，第一章中的比喻还不够准确——在碳达峰之前，全球碳排放活动这辆肇事车辆就已经撞到人了。从碳达峰即松开油门，到碳中和即踩下刹车，人类行动得越快，也只能使得车辆越早停下来。在最后一个章节中，我们将一起来了解，既然这起惨烈的车祸已无法避免，那么为了减少遇难者人数，世界各国都在如何行动，而你我又能为此做些什么？

第四章

碳中和，全球与我在行动

一、全球气候议题的主要阵营

　　不同的国家有着不同的历史、文化、地理条件、能源结构、技术水平等国情。比如，基础建设在中国以外的地区就没有那么热火朝天，与基建相关的碳排放占比也要低得多，而交通碳排放往往会有更高的占比。世界各国实现碳达峰、碳中和的路径或许与中国不同，但联合"救亡"的决心都是一致的。

　　截至 2021 年底，全球已有 54 个国家和地区实现了碳达峰，其中部分西欧国家在二十世纪七十年代就完成了达峰目标。中东欧国家和美国稍晚，但也基本在二十一世纪的头十年达峰。新加坡、日本和韩国是达峰名单中少有的亚洲国家。

　　至于碳中和，也必须写入远景规划，并严格执行。据英国非营利机构能源与气候智库统计，截至 2019 年底，已有 126 个国家，以及欧盟，以法律法规或政策形式确定了自己的碳中和目标。

　　其中，不丹、苏里南、柬埔寨、贝宁、圭亚那因为高绿化率，在低发展水平的状态下曾一度达到碳中和，但这样的碳中和是低质量的，也容易因为这些国家的轻微发展而打破。发展是文明的必要诉求，而将发展可持续化则是一种必要妥协。既然这颗星球上的大多数人都不愿意为了碳中和而牺牲现有生活品质，退回至低技术水平的生活方式，那么此事两难全，我们就注定要踏上一条远比"消极不作为"更为艰辛的道路。

　　接下来，我们将介绍就全球气候这一重大议题，国际上存在着哪些阵营。

（一）西欧

主要指欧盟中的发达国家及英国。这些国家较早实现碳达峰，节能降碳技术较发达，在政策制定方面也比较激进。其实这主要也是因为欧洲大陆的原油和天然气资源匮乏，所以才会更加迫切地推动非化石能源作为其能源支柱。这些国家大多经历了先污染后治理的过程，且治理的时间长、力度大，煤转气程度高。目前，欧盟八成以上的能源供应都来自天然气与核能。欧盟东部国家整体经济水平相对较低，因毗邻俄罗斯等能源出口国，其化石能源的依赖程度显著高于西部。

（二）伞形集团

伞形集团由美国、加拿大、澳大利亚、新西兰、哈萨克斯坦、挪威、俄罗斯、乌克兰及日本组成，以发达国家和富化石能源矿产国家为主，因其地理连线以北极点为伞尖，合呈伞状得名。这些国家因为存在各异的考量因素，应对气候变化的相关政策风格相对西欧而言较为保守、滞后，但又比发展中国家先进。美国是伞形集团国家的典型代表。

（三）基础四国（BASIC）

基础四国指巴西、南非、印度和中国，因其英文首字母按顺序可组合为英文单词"Basic（基础）"而得名。这些国家都是发展中国家，既具备一定工业规模，又在经历高速发展的区域性人口、国土面积大

国。这些国家减排潜力巨大，但因发展与环保之间存在着较大矛盾，导致其面对气候变化时步调较为缓慢。如何协调与平衡二者的关系是它们面对的最大困难。

（四）小岛屿国家联盟（AOSIS）

小岛屿国家联盟由 39 个国家组成，这些国家总面积不大，人口也不多，总领海面积却占了地球表面积的约五分之一。这些发展中国家，包括 10 个联合国"最不发达国家"，长年处于受气候变化毁灭性影响的最前沿，甚至可能在不远的将来因海平面上升而灭国。这些国家本身碳排放量低，但受气候变化影响却极大，由于交通不便、产业单一、缺乏矿产资源等，导致其缺乏资金与技术去应对日渐恶化的生存危机，因此只能在各种公开场合呼吁发达国家控制温室气体排放量，并向小岛屿国家提供资金援助。

（五）雨林国家联盟（CFRN）

雨林国家联盟由中非、加蓬、刚果（金）、刚果（布）、多米尼加共和国、哥斯达黎加、危地马拉、尼加拉瓜、巴拿马、斐济、巴布亚新几内亚、所罗门群岛、瓦努阿图、玻利维亚等 50 多个国家组成，主要呼吁保护雨林生态。

不同阵营间的主要分歧在于碳排放权的分配方式上。有的国家历史上总量排得多，近几十年碳达峰后排得相对较少，自然希望分配方式尽可能不追究总的碳排放。有的国家则相反，过去排得少，近几十年排得多，自然希望依据历史总量进行分配。此类差异还有很多维度：

有的国家人口多，有的国家人口少；有的国家富裕，有的国家贫穷；有的国家领土辽阔，有的国家领土既小又窄；有的国家是商品净进口国，有的国家是商品净出口国；有的国家技术先进，有的国家技术落后；有的国家经济发展受气候变化影响大，有的国家受影响较小。各方就这个分配问题争论了多年，一直无法拿出一个既公平又服众的方案，也就无法使用均一化的标准和原则，无法建立统一的国际碳排放权交易市场。因此，国际气候合作只好暂且采用"国家自主贡献＋全球盘点"的模式开展。

二、发达国家的节能降碳历史、政策与目标

与不丹和苏里南形成鲜明对比，大部分欧盟国家、英国和美国自工业化以来一直都是主要的工业国，是老牌发达国家。正因如此，它们也理应对工业化以来大气中的温室气体增量负主要责任。这些国家较早关注并研究全球气候问题，碳排放也率先达峰。在碳中和实现路径上，欧盟和美国采取了不同的策略风格，均适合中国多加研究、借鉴。

（一）美国

根据联合国开发计划署的一份报告，在1840—2004年间，美国贡献了总温室气体排放量的30%。美国的大范围工业转移自二十世纪七十年代始，至2020年，国内生产总值（GDP）中的工业产值占比已不足五分之一，且以低排放、低污染、高附加值的高端制造业为主。于是，美国于2007年完成了碳达峰。

一方面，美国是一个油、气、煤资源均十分丰富的国家，尤其是就目前而言开发难度较大但已实现突破的页岩油、页岩气资源。其地理孤立性决定了它短时间内难以放弃以化石能源为安全保障和重要支柱的能源结构，尤其是为了维护作为其霸权命脉的庞大海外军事力量。另一方面，美国地广人稀，地势也较为平坦，非常适合发展清洁能源。因此，从当前来看，美国的能源结构正处于一种化石、生物与清洁能源进行自由市场竞争，政策倾斜尚不明显的状态。

◎ 页岩油井

1992 年，老布什政府加入《联合国气候变化框架公约》，并制定了《1992 年能源政策法》和《全球气候变迁国家行动方案》。

1993 年，克林顿政府制定了新的《气候变化行动方案》，计划到 2000 年时碳排放量减少 1.09 亿吨。到了 1997 年，这一目标下调至 0.76 亿吨。1998 年，克林顿政府签署《京都议定书》。1999 年，克林顿政府发布了"提高能效管理、建设绿色政府"的政府令。在克林顿政府执政时期，尽管设定了明确的减排目标，也借助了技术的力量，但因其间美国的经济快速发展，未能成功遏制住温室气体排放的增长势头。

2001 年，小布什政府宣布退出《京都议定书》。2002 年，小布什政府发布《全球气候变迁行动》，设定了降低单位 GDP 温室气体排放量的削减目标。因小布什政府将经济发展的优先级放在节能降碳之前，尽管相关科研取得了一定成果，但美国的温室气体排放总量仍然居高不下。

2009 年，奥巴马政府上台。奥巴马政府认为美国对节能降碳的贡献不足，一改前任总统的做法，限定美国的排放总量，并将其分割为

排放配额，进行碳排放权交易。该政策奠定了 2009 年后美国碳排放量下降趋势的基础。

2020 年 11 月，特朗普政府宣布正式退出《巴黎协定》；次年 1 月，拜登政府上台，并很快签署了新的应对气候变化行政令，于 2 月宣布正式重新加入《巴黎协定》。

拜登承诺到 2035 年实现 100% 的清洁电力，到 2035 年使用 100% 的清洁能源汽车，2040 年或之前实现卡车和公共汽车净零排放。拜登在先前竞选时还承诺，要使美国在 2050 年碳达峰。

鉴于美国的政治体制和传统，这样的长期规划在遭遇变故方面从不令人失望。从上述内容可以看出，随着执政党轮替，美国应对气候变化的态度一直在积极与消极之间不断摇摆。但拜登政府积极开展国际合作的态度仍值得褒扬。就美国目前的碳排放规模和技术研发实力而言，再考虑到未来世界高端制造业格局的分布趋势，达成上述目标仍具有可行性。

（二）欧盟

欧盟同样经历了产业空心化，但程度不及美国。此外，欧盟各国民主程度较高，会将具备环保意识的民众的意见放在更加优先位置考量，而非一味受相关利益集团操弄政策。

2008 年，欧盟委员会通过"气候行动和可再生能源一揽子计划"法案，内容包括欧盟排放权交易机制修正案、欧盟成员国配套措施任务分配的决定、碳捕获和储存的法律框架、可再生能源指令、汽车二氧化碳排放法规和燃料质量指令，由此形成了欧盟的低碳经济政策框架。

2019 年 12 月，欧盟推出《欧洲绿色协议》，也称"欧洲绿色新政"，提出欧盟到 2050 年实现碳中和的碳减排目标。

2020 年 3 月，欧盟委员会发布《欧洲气候法》，以立法的形式确保达成到 2050 年实现气候中性的欧洲愿景。从法律层面为欧洲所有政策设定了目标和努力方向，并建立法律框架帮助各国实现 2050 年气候中性目标。此目标具有法律约束力，所有欧盟机构和成员国将集体承担在欧盟和国家层面采取必要措施以实现此目标的义务。

然而时间来到 2022 年，突如其来的俄乌军事冲突暴露了欧盟碳中和事业并不如想象中进展顺利，他们尽管拥有世界领先的非化石能源技术，但却并未在本土广泛使用。冲突开始后，各国对俄化石能源开展制裁的态度存在分歧，证明了各国能源自给化（同时也意味着低碳化，原因见上文）进展不一；决议的削减进口比例不高，证明了政治作秀的窘迫；化石能源进口价格连月飞涨，证明了庞大需求的现实存在；人民要么承担高昂能源成本，要么显著降低生活质量，如德国一家媒体呼吁民众减少洗澡频次，仅清洁关键部位，证明了不论是国计还是民生，社会方方面面对化石能源的高度依赖。为此，欧盟各国纷纷放弃或推延碳中和目标。欧盟的事例告诉我们，从煤炭转向天然气，确实能够减少约一半的碳排放量，但总归是换汤不换药。而且天然气一旦供应不上，还得重启煤电站，烧煤过冬。当然，如今这样的局势将紧逼欧盟加速去化石能源的进程，塞翁失马，焉知非福。

2022 年 9 月 26 日，从俄罗斯向德国输送天然气的"北溪"天然气管道三条支线同时遭到蓄意破坏，不仅使得沿线国家化学工业停摆，还将向大气泄漏多达数亿立方米的甲烷。

（三）发达国家对发展中国家的指责

出于遏制别国发展的战略目的，发达国家十分热衷于站在道德制高点上指责发展中国家降碳不力，尤其热衷于针对中国。一方面，我们承认中国的碳排放确实体量大、达峰难；另一方面，我们也应认识到发达国家不仅不向发展中国家提供先进经验技术，还将高排放产业环节往中国等发展中国家转移，通过将门前雪统统扫至别家的形式营造干净假象。而且从历史累积排放量来说，发展中国家也远远不能与发达国家相比。

接下来，我将对一些发达国家惯用的说辞一一进行辩驳：

1. 中国热衷于烧煤，产能不仅不削减，还在增加。

承认这一情况存在，我们一定会改，但还需要时间。2030 年开始改，2060 年包改好。到那天即便咱家还有燃煤发电厂，也保证一律做 CCUS 处理。

2. 中国人大量消耗木、竹筷子。

你们国家频繁发生长时间难以扑灭的森林大火，烧掉的木材量远超我们使用木、竹筷子所消耗的量。

3. 中国人大量消耗牛羊肉。

中国人口众多，饮食结构丰富多样，食用牛羊肉的人群占比相对较低，不具有普遍代表意义。你们所不熟悉的中国人主要都在靠谷物、猪肉、水产、禽肉蛋补充蛋白质，2022 年牛羊肉产量仅占猪牛羊禽肉的 13.5%。

4. 中国大兴土木。

至 2023 年，中国的住宅就人均套数而言已实现居者有其屋，再建都卖不出去了。接下来的土木基建将翻开崭新一页，以交通设施和城市更新为主。就连城市更新，住建部都在《关于在实施城市更新行动中防止大拆大建问题的通知》中要求"严格控制大规模拆除、大规模增建、大规模搬迁、严格限制新建高层建筑"。水泥的年消耗量大概率已在 2020 年达峰了，目前正处于下降趋势。

5. 中国人多，生活水平一上去，居民产生的碳排放不得了。

这就好比你们现在重病在床，重症监护室（ICU）里面的设备这么耗电，那台区区百十来瓦的呼吸机不如咱给它停了，省点电吧！大家都心知肚明，从老百姓牙缝里是抠不出来多少碳排放来的，建议你们就别白费功夫了。老百姓现在碳排放大头在交通领域，人均交通碳排放确实应当降，其他部分诸如居民用电和公共设施用电还允许升。

6. 中国汽车数量全球第一。

总量和美国不差多少，可人均保有量只有美国的四分之一，在所有国家与地区中仅排到第 90 名（2022 年）。况且中国现在是新能源汽车第一大国，近些年来替代性消费爆发式增长。不像某些国家，一辆执行着老旧标准的燃油大皮卡总能找到零件修修补补传三代，艰苦朴素得令人心疼；还有光绪年间的劳工修成的铁路系统，年久失修，隔三岔五就有低速列车脱轨，逼得老百姓不得不选择开车远行、运货，从客观上极大地增加了石油消耗，某种程度上倒像是各大石油公司的"优质客户"。

7. 中国新能源汽车、光伏板等降碳产品生产过剩。

当初挖坑的是你，忽悠我往里跳的是你，眼红我在坑里取得成果的是你，怕跳进来承担风险的是你，到头来觉得颜面尽失便胡搅蛮缠甚至无理取闹的还是你。产能过剩？对啊，我不光要满足国内需求，还要供应给全世界愿意买来节能降碳的小伙伴，不过剩些，难不成指望你给我代工吗？你负责产能不足，我负责产能过剩，以往咱俩不都这么分工的吗？

随着各种技术推陈出新，发达国家依靠排放巨量大气污染物和温室气体在百年间取得的先发优势，发展中国家并不需要按部就班重走一遍才能取得，何况那样做也着实会落人口实。发展中国家既应当

团结协作，共享节能降碳技术，也应当根据自己的国情，走适合自己的高质量可持续发展道路。减缓全球气候变化不存在什么竞争与输赢——要么皆输，要么共赢。既然帮忙指望不上，还望发达国家严于律己，将自己的人均碳排放降至全球平均水平，不然哪来大放厥词的底气呢？

三、中国的节能降碳进程

（一）历史上的法规、政策与缔约

1978 年，"国家保护环境和自然资源，防治污染和其他公害"的条款首次被写入《中华人民共和国宪法》。

1979 年，《中华人民共和国环境保护法》颁布，提出"保证在社会主义现代化建设中，合理地利用自然环境，防治环境污染和生态破坏""谁污染谁治理"。

1980 年，颁布《关于加强节约能源工作的报告》和《关于逐步建立综合能耗考核制度的通知》。

1983 年，颁布《中华人民共和国环境保护标准管理办法》。

1991 年，颁布《中华人民共和国大气污染防治法实施细则》。

1992 年，签署《联合国气候变化框架公约》。

1995 年，颁布《关于新能源和可再生能源发展报告》《1996—2010年新能源和可再生能源发展纲要》与《中华人民共和国电力法》。

1997 年，颁布《中华人民共和国节约能源法》。

1998 年，签署《京都议定书》。

2000 年，颁布《民用建筑节能管理规定》，《中华人民共和国大气污染防治法》修订，要求"国家采取措施，有计划地控制或者逐步削减各地方主要大气污染物的排放总量"。

2002 年，颁布《中华人民共和国清洁生产促进法》《中华人民共和国环境影响评价法》。

2004 年，颁布《能源中长期规划纲要（2004—2020 年）》（草案）、《节能中长期专项规划》。

2006 年，出台《国务院关于加强节能工作的决定》。从这一年开始，实施单位 GPD 能耗公报制度，并将能耗降低指标分解到各省份，中央政府、地方政府和主要企业分别签订了节能目标责任书。

2007 年，出台《能源发展"十一五"规划》，《中华人民共和国节约能源法》修订，《中国应对气候变化国家方案》发布——这是中国第一部应对气候变化的政策性文件，也是发展中国家在该领域的第一部国家方案。

2008 年，颁布《可再生能源"十一五"规划》《民用建筑节能条例》。

2011 年，颁布《"十二五"控制温室气体排放工作方案》《"十二五"节能减排综合性工作方案》。

2013 年，颁布《国家适应气候变化战略》。

2014 年，颁布《2014—2015 年节能减排低碳发展行动方案》《国家应对气候变化规划（2014—2020 年）》。

2015 年，向《联合国气候变化框架公约》秘书处提交《强化应对气候变化行动——中国国家自主贡献》。

2016 年，签署《巴黎协定》，《"十三五"节能减排综合工作方案》出台。

2020 年，《中华人民共和国能源法（征求意见稿）》发布，明确了未来煤电产业的发展路径："能源主管部门应当采取措施，发展清洁、安全、高效火力发电以及相关技术，提高能效，降低污染物排放，优化火力发电结构，因地制宜发展热电联产、热电冷联产和热电煤气多联供等。"

2022 年，出台《"十四五"节能减排综合工作方案》。

2023 年，发布《新时代的中国绿色发展》白皮书。

（二）节能降碳的目标

2020 年，国家主席习近平在联合国气候雄心峰会上发言，提出"到 2030 年，中国单位国内生产总值二氧化碳排放将比 2005 年下降 65% 以上，非化石能源占一次能源消费比重将达到 25% 左右，森林蓄积量将比 2005 年增加 60 亿立方米，风电、太阳能发电总装机容量将达到 12 亿千瓦以上"[①]。

2022 年，国家发展和改革委员会、工业和信息化部等 9 部门印发《科技支撑碳达峰碳中和实施方案（2022—2030 年）》。方案目标有：到 2025 年实现重点行业和领域低碳关键核心技术的重大突破，支撑单位 GDP 二氧化碳排放比 2020 年下降 18%，单位 GDP 能源消耗比 2020 年下降 13.5%；到 2030 年，进一步研究突破一批碳中和前沿和颠覆性技术，形成一批具有显著影响力的低碳技术解决方案和综合示范工程，建立更加完善的绿色低碳科技创新体系，有力支撑单位 GDP 二氧化碳排放与能源消耗持续大幅下降。

目前，中国的碳排放量世界第一。且与欧盟、美国所不同的是，中国仍未达峰。因此在高排放的现状与碳中和的目标之间，中国面临的压力最大，时间最紧迫。这就好比在一场二月开始、为期六个月的减肥比赛中，好多选手早在去年就开始养成减肥习惯了，而中国选手本就最胖，还饭量最大，还三月中旬才加入比赛，自然要比别人刻苦

---

① 《习近平在气候雄心峰会上发表重要讲话》，《人民日报》2020 年 12 月 13 日。

多倍，才能赢得名次。

可喜的是，《中国低碳经济发展报告蓝皮书（2022—2023）》显示，2022年，全国万元GDP能耗比上年下降0.1%，万元GDP二氧化碳排放下降0.8%，节能降耗减排稳步推进。2012年以来，中国以年均3%的能源消费增速支撑了年均6.6%的经济增长，单位GDP能耗下降26.4%，成为全球能耗强度降低最快的国家之一。

（三）碳排放权交易

2021年7月16日，经过长达十年的筹备，中国碳排放权交易开市。

碳排放权交易的概念源于1968年美国经济学家戴尔斯提出的"排放权交易"概念，即建立合法的污染物排放的权利，令其可以像商品一样在企业间互通有无。通常来说，人们会在一个行政范围，如全球、全国、地区或城市内部，设定一个年度碳排放限额，即总量固定有限。那么那些用不完当年配额的企业，或者能创造碳汇的企业，就可以将配额投放到市场上去出售；而那些已经耗尽当年配额的企业，为了继续合法排放碳，就不得不去购买那些在售配额。

与此同时，为了实现碳中和的硬性目标，碳排放限额必须逐年下降。大家都懂，物以稀为贵嘛，碳排放权的单价自然会在相当长一段时间内水涨船高。这样一来，就会抬高碳排放企业的生产成本，倒逼这些企业对生产流程进行升级优化，从而达到节能降碳的最终目的。同时，由于不同产品的碳排放量不同，购买碳排放权所增加成本势必会反映到终端零售价上去。简单举例说，就是在超市货架上，一款制造流程低排放的不锈钢盆卖16元，而同规格的另一款制造流程高排放的不锈钢盆则要卖到20元。这样一来，市场价格差异就会引导消费者选择材料、工艺低排放更低的产品，倒逼竞争激烈的相关产业链做出选择。

欧盟和美国都已建立了成熟的碳排放权交易市场。我国作为碳排放大国，在中国特色社会主义市场经济框架下，通过市场手段调控企业碳排放量，也同样势在必行。

与欧美碳排放权市场不同的是，我国的碳排放配额分配不是基于排放总量上限确定的，而是基于往年排放强度量身定制。比如，目前参与碳排放权交易的单位仅限电力企业2162家。通过评估，今年分配给其中电力企业甲的配额是5000万份，即可免费排放5000万吨二氧化碳。如果从年初的时候测算，本企业通过技术改造升级，今年只需要排4000万吨二氧化碳，那么它就可以将1000万份碳排放权拿到市场上去待价而沽，卖上一个高价。结果到了9月份，工程师发现降碳措施实际表现未达理论预期，剩下的三个月还有300万份碳排放权的缺口，那么此时甲企业又只好去市场上蹲守一个低价格，把缺的碳排放权买回来。

（四）党的二十大报告相关段落解读

2022年10月，中国共产党第二十次全国代表大会在北京召开。党的二十大报告指出："积极稳妥推进碳达峰碳中和。实现碳达峰碳中和是一场广泛而深刻的经济社会系统性变革。立足我国能源资源禀赋，坚持先立后破，有计划分步骤实施碳达峰行动。完善能源消耗总量和强度调控，重点控制化石能源消费，逐步转向碳排放总量和强度'双控'制度。深入推进能源革命，加强煤炭清洁高效利用，加大油气资源勘探开发和增储上产力度，加快规划建设新型能源体系，统筹水电开发和生态保护，积极安全有序发展核电，加强能源产供储销体系建设，确保能源安全。完善碳排放统计核算制度，健全碳排放权市场交

易制度。提升生态系统碳汇能力。积极参与应对气候变化全球治理。"①

报告中的这段话可以这样解读：在接下来的一段时间里，我们将基于我国的富煤型能源矿产结构和成熟的煤电体系，在保障基本盘暂不动摇的前提下，按照自己的步调稳妥地推进碳中和事业。要处理好方方面面如经济发展与节能降碳的关系，不必急于求成，釜底抽薪。要等到其他能源支柱都足以顶梁的时候，再将以煤炭为代表的化石能源逐渐替换下来。但即便如此，当前我们仍要严格控制化石能源的使用，既要削减碳排放总量，也要尽量避免集中、大量的碳排放活动发生。为此，在削减碳排放方面，我们要推进能源革命，减少煤炭使用过程中的污染与排放；积极勘探、开采原油与天然气，但主要用于战略储备；加快风电、光电体系建设，扩大产能，丰富配套基础设施，使其顺利并入电网；水坝规划建设要无条件为生态安全让路，以维持规模提高质量为主；核电虽好，但很棘手，既不能轻视风险，也不能因噎废食；平衡好动力煤、成品油与液化天然气的生产、进口、储备、调度与供应关系，避免受制于人；公平、公正、全面、准确地监控统计各单位碳排放量，并统一接入碳排放权市场，通过市场力量调控。在增加碳汇方面，我们要积极植树造林，提倡生态农业。此外，我们还要积极支持全球碳达峰、碳中和事业，发出中国声音、分享中国经验、输出中国技术，协助其他国家发展好他们的碳中和事业，以及更妥善地应对气候危机带来的挑战。

---

① 《高举中国特色社会主义伟大旗帜　为全面建设社会主义现代化国家而团结奋斗》，《人民日报》2022 年 10 月 26 日。

四、对中国碳达峰、碳中和工作的建议

出于国情的独特性，目前还没有哪个国家的成功路径大体上适合中国借鉴。如二十世纪中期的美国碳排放结构与中国相似，但当前的许多技术在二十世纪中期尚未出现，或成本高不可攀。当前印度的人口规模、产业结构与碳排放结构均与中国十分相似，但在人口规模、产业规模以及碳排放规模等方面远不及中国，中国的社会制度、地形地貌、国土资源也与印度存在显著差异。因此，我国的碳中和事业没有现成经验可循，只能在锚定远期目标的前提下妥善安排每一个五年规划及每一年的目标，然后充分利用手头资源努力达成目标。

"在源头集中降碳、捕集、储能，在链条与末端节能，剩余实在有必要的碳排放，最后靠提高碳汇量冲抵。"这话说得轻巧，却需要调动政府、企业、事业单位及群众全力以赴去贯彻实施，并承担其中高昂的成本。为使碳中和工作能够顺利展开，不至于陷入相互掣肘、扯皮的困局，上述四个角色应充分理解碳中和对社会的意义，认识自己在其中可以发挥出的积极作用，并形成合力，齐步朝着环境友好型社会转型。

（一）有为政府

作为管理各生产部门的头脑，政府决定着规划的确立、标准与政策的制定，负责法规的执行与监督。缺乏政府积极、主动的指挥，以及以疏代堵的全力支持，碳中和这种明摆着吃力不讨好的事业不可能进展分毫——毕竟我国的国情与面临严峻生存危机的小岛屿国家有着显著差异。假使政府简单粗暴地将高昂的"绿税"扣在企业头上，那企业要么太极一打顺势统统转嫁给消费者，要么（若多数消费者不买账的话）就掀摊子不干这行了，根本不会产生配合节能降碳的主观能动性。

首先，政府最紧迫、优先的工作，是建立一套完善的正反馈机制及相应公平、公正、公开、实时联网的评估体系，充分调动从企业到个人支持碳中和事业的积极性。企业主动研发或引进高效低碳化技术、工艺，采用低碳化原料，降低单位产值碳排放与能耗，贡献碳汇，参与清洁能源建设，参与用电削峰填谷，参与环保公益活动，为气候灾害捐款捐物，推行无纸化办公，开具电子发票，成为净零碳排放企业等行为，在碳中和进程的不同阶段，都应得到相应补贴、减免息激励等激励政策，以及准入优惠等其他政策优待。个人（或由社区均摊费用）参加垃圾分类，捡拾海滩垃圾，植树，在屋顶加装太阳能板，（农村民居）进行电气化改造，购买一级能效电器，参与光盘行动，家庭用电用气量不超标等等，也可以获得税费减免、使用公共设施服务优惠、准入免试资格、提高信用度等优待。上述企业和个人行为甚至可以纳入到一个均一化的平台，通过区块链技术进行确权，并颁发一类证书，以及一种可以和碳排放权或标准化碳汇挂钩的积分，据此回馈实际的优待与收益。在移动互联网和物联网越来越发达的今天，这本身不应是一件难事，但如何使各环节规范化才是其中的难点。

其次，政府依然不能放松对重点企业和相关市场的监督管理，且不能停留在例行公事下场检查的初级阶段。政府应通过委托公信力强的第三方工业数字化机构，为重点企业加装难以干扰应对的周期抽检式、触发预警式的自动化碳排放监管设备，实时统计行政辖区内此类企业的碳排放情况，为下一步相关工作安排提供数据支撑。这样可以使得接下来的政策制定既不脱离实际，又能给相关企业施加充分压力。

最后，政府还需要加强对碳达峰、碳中和概念的宣传、教育，争取全社会的一致理解。尤其应当通过各级教育部门，以国家课程、校本课程与研学课程相结合的方式，将相关知识与理念融入义务教育的阶段。毕竟，将来愚公移"碳"的事业还需要仰仗一代又一代的孩子。以彩票形式宣传也是一种适合国情的方案，销售碳中和主题福利彩票产生的公益金还可以补贴其他碳中和宣传项目。

（二）有效市场

有效市场是指充分调动各市场主体的积极性，利用"看不见的手"使得企业更加积极地去节能降碳、交易碳排放权和贡献碳汇，并从中获取实际收益。

碳排放权交易市场和期货市场有许多相似之处，可以有效对接碳排放权的生产者和消费者，并动态调整供求关系。但一定程度上还需要引入"气氛组"——做市商参与，通过提供持续报价和流动性提高交易频率，同时在一定程度上稳定价格，从而提高市场活跃度促进交易规模的扩大。同时还应加速将更多高排放行业和企业引入碳排放权交易市场。一个有效的碳排放权市场，能使节能降碳先发企业获得成本优势，也能对后发企业施加充分压力，争取早日赶上步伐。

相对应的，碳汇标准化、市场化及与碳排放权市场的并轨融合也应早日提上日程，将"谁汇谁收费、谁排谁付费"的共识通过市场关系有力地落地。让农林企业、封存固碳企业、资源回收再利用企业、清洁能源配套服务企业等起到积极正面作用的角色也能进场分得一杯羹。毕竟不管一件事有多么费劲，但凡能从中讨到一点甜头，勤劳的

中国人都会一拥而上。如前面提到过的，地热能的开发就特别需要有效市场去助力。

（三）技术创新

科学技术不仅是第一生产力，还是节能降碳、降本增效的火车头。科学家在工业化早期其实就已经认识到二氧化碳对温室效应的影响，但相关论文始终没有受到过社会各界的重视，人们才放任低水平的能源利用模式畅行了一百多年。直到二十世纪末，国际社会才对二氧化碳排放过量达成了共识。节能降碳，大方向上来看其实就是提高能源利用水平，其中涉及对大量现有技术的革新。科技部组织专家分析了我国实现双碳目标的相关支撑技术，列出了6个大类、18个子类、66个亚类的关键技术，其中34%已得到商业运营，36%还处于中试和工程示范阶段，另外还有30%在概念和研发阶段。

碳中和技术创新应主要围绕能源升级、节能、储能、降碳、捕集和固碳这六个核心展开，辅以配套技术的研发。

节能降碳侧技术创新的主轴是使非电气设备或工艺电气化，电气设备或工艺节能高效化，输电或储能转运低损耗化，发电技术清洁化，清洁能源安全、稳定、扩大化，尖端清洁能源实用化。针对高耗能化工工艺研发催化剂，推进建筑耗材的耐用化和模块化（利于回收重复利用），开展水泥燃煤及熟料替代（如绿氢煅烧熟料）和低碳熟料烧成技术研究，实现地面交通工具全面电气化轻量化。同时，推进上述所有环节的智能化、数字化发展。

而在碳汇侧，则主要是使人工固碳达到高效率、低能耗、低成本、低风险、低污染的水平。

此外，还有一些技术可以间接减少碳排放，如防锈涂层、自愈材料、可降解材料、高温超导、人工合成食品、转基因生态树、生物农药等。

借着碳中和相关技术创新投入实用的东风，这一趋势还能催生或扶持起一大批产品、生产企业及配套服务企业，创造大量就业岗位，成为新的经济引擎。各研究型大学、应用型大学以及高职高专也应当提前布局，相应成立大量院系专业、实验室、研究所、实训基地，以满足未来碳中和相关行业旺盛的人才需求。

除了与高校合作，企业也要组织专职的研发团队，积极攻克技术难关，取得专利，不仅可以助力国内碳中和事业，还能参与国际市场的竞争。

其实，碳中和事业从未要求碳排放和碳汇必须在一个低水平的数值平衡，相反，排得多、汇得多且可循环、可持续才是文明水平走上新台阶的表现。譬如半径数十公里的太空城势必需要海量的钢铁，如果人类在炼出如此之多的钢铁并将其送上轨道的同时，还能保持净零排放，那才是高质量的碳中和。

◎ 清洁能源的设备、设施建设和维护需要大量具备相关职业技能的配套人才。

（四）全民共建

这里说的全民共建并不是指老百姓通过改变生活方式来节能降碳，那部分内容将在后面阐述。全民共建是指少年儿童通过建立兴趣将来报考碳中和相关专业、就业人员选择碳中和相关岗位或兼职、创业者选择碳中和相关赛道创业、投资者布局碳中和相关资产等个人行为。毕竟到头来，相关工作需要无数劳动者及巨额资金才能切实推动。只有足够多的人才或资本前赴后继地投入有为政府、有效市场与技术创新中，碳达峰、碳中和的目标才能如期达成，并最终通往全民共享的美好前程。

作为一项国家战略，碳中和事业推进的节奏或许会忽快忽慢，但相关产业的水平升级与规模扩大是未来数十年间的一种必然趋势。在碳中和相关产业中，1995 年前出生的人从现在开始一直到 2060 年退休，都有足够的发展机会和空间去参与其中。别忘了，本书多次强调，碳中和以后这事还没完，所以哪怕是在未来十年（2025—2035 年）出生的孩子，一样能干到退休（2100 年）。毕竟按照 IPCC 在 AR6 中的预测，到 2100 年地球的气候、环境将变得如此之好，以至于不再需要相关人才了，可这完全是一场过于魔幻的美梦。

如果你现在还是高中及以下阶段的学生，你将来可以通过报考、学习、钻研以下专业，成才后在相应的岗位上拯救世界：环保、能源、冶金、化学、造纸、机械、材料、建筑设计、园林、城市规划、船舶、航空、航天、水利、电力、海洋、农林、工业数字化、通信、软件、半导体、量子技术、人工智能等。

如果你是就业人员或创业者，除了参与发展上述领域相关企业，你还可以考虑提供一些配套服务或产品。服务方面有：相关政府部门公务、高校执教、科研、智库、巡林、风光电设备安装维护及报废、充电桩安装维护、氢罐运输、资源回收再利用等。产品方面有：化肥、冷媒、催化剂、传感器、无人机、工业机器人、物联网终端等。

　　如果你是投资者，可以关注上述领域相关企业中的上市公司和初创公司。或许相关投资的周期长、波动大，但远期综合收益一定不会令你失望。

五、我要改变生活方式

我们人类最为引以为傲之处，就在于我们是目前地球上适应能力最强的物种。克服着真空、低重力、强辐射等诸多不便，我们甚至凭借智慧在死寂的月球留下了足迹。从环境适应者，到环境影响者，再到环境主宰者，人类与环境关系的演变贯穿了这个物种的历史也将影响其未来的发展。

现如今，我们的环境适应能力还处于发展阶段，在初步具备环境影响能力后，却发现需要提升环境掌控能力才能消除已作出的环境影响。这就好比一个刚刚会玩回力玩具车的孩子，给四驱玩具车安上电池，却发现车子横冲直撞地乱窜，自然会茫然失措，甚至被车子撞疼脚趾。那么在这个阶段，我们还是建议收起四驱车，让孩子先玩好回力车再说。再长大些，他将搞明白四驱车是怎么玩的，甚至学会玩遥控玩具车，那时便可随心掌控车子的车速与方向。

打这个比方的用意，就是说既然碳中和进程来日方长，掉头回到工业化前气候水平更是遥遥无期，那么首先大家就应当学会适应这个气候逐渐变化的世界。只有在飞机失事迫降海面之时以正确的姿势尽量保护好自己，才能谈迅速有序离开机舱、上救生筏、荒岛求生、获救、重返文明世界等一系列后话。

（一）积极应对气候灾害

气候灾害分为水灾、风灾、旱灾和寒灾等，其中以洪水和风暴最为常见。全球气候变化会导致气候灾害频发、强度增大。过去曾是五百年一遇的灾害，上一次发生早在工业化以前，在全球变暖的现状下，兴许就悄然成了五十年一遇。气候灾害及其次生灾害造成的损失非常巨大。联合国减灾办公室在《1998—2017 年经济损失、贫困和灾害》报告中指出，1998—2017 年，与气候有关的灾害造成的损失达 2.25 万亿美元，占总灾害损失的 77%。

所幸在我们身处的这个国家，在中国共产党的领导下，粮食安全、水电供应等问题能得到有效保障，应急抢险救灾、灾后重建等工作都能迅速安排妥善解决，不需要大家过于焦虑。但在灾害现场，也只能靠我们自己应变求生。

早在气候灾难来临之前，我们就应当培养防灾意识，备好应急物料，学习求生知识，做好心理准备。气候灾害不像地质灾害，地质灾害往往可以提前评估，我们应随时留心政府通过手机短信发布的灾害预警，应撤离的必须果断撤离，不需要撤离的也应该减少不必要的出行。潮汐强度比较大、河水湍急、暴雨不停时，应远离水体或者任何可能会被水淹没的低洼地带，避免名列失踪人员清单。

遇险时，要沉着冷静。不管你身边有谁，未成年人要服从成年人的指挥，成年人要服从救援人员的指挥。不要惊慌失措、到处乱跑，除非你具备相关知识，了解地形或建筑结构，有相当的把握，可以在危急关头孤注一掷，否则不要自作主张。要避免向他人表达负面情绪，而是与同伴互相鼓励、互相安慰、互相帮助，共渡难关。要相信党和政府不会放弃任何一个生命。

（二）健康饮食

其实健康的饮食方式，恰恰正是低碳的饮食方式。不信你看：多吃水果蔬菜，少吃肉、糖、油脂；多吃鱼肉，少吃牛羊肉；多吃新鲜饭菜，少吃烟熏腌制食品和零食；多喝超滤净化水，少喝白开水、瓶装水和其他饮料；吃七分饱，拒绝暴饮暴食；珍惜粮食，不挑食；少饮酒，少抽烟，少嚼槟榔，拒绝大麻等毒品。即便不考虑健康因素，那些健康饮食方式所不倡导的食物，也往往会造成更多的碳排放。待我们老了，身体比那些饮食不健康的人好，轻则少吃药，重则不用进ICU。毕竟 ICU 的医疗设备全力运转一天下来也要耗不少电呀。

> **小问题**
>
> 全面考虑，为什么超滤净化水要比 RO 反渗透净化水、白开水、瓶装水、桶装水的碳排放都要低？

（三）减少铺张浪费

呈递到我们面前的每一件物质文明的产物，都伴随着碳排放。它们有的经历无数次失败后才被研发设计出来，有的经过高温高压的锤炼，有的原料开采极为艰难，有的吸收了化肥与汗水得以长大，它们中的大部分需要翻山越岭、漂洋过海才能与你相遇。

而你对待它们，却常常是吃几口就不吃了，新鲜劲一过就闲置了，看着不顺眼就扔掉了。这些被浪费的东西，其背后都是白白释放的温室气体。因此，请大家珍惜自己拥有的每一件东西，物尽其用，不再用了可以租赁、转让或赠与他人，坏了能修尽修，修不好再考虑妥善废弃。

其实从总量上来看，食品浪费多发于各类宴席上，而外卖分量小、自炊好控制，反倒不容易浪费。所以宴席应尽可能按人头合理点餐，建议人均不要超过 1.2 个菜。尽量使用耐用品替代一次性用品，除非需要大量清洁剂和水清洗，因为少用清洁剂和节约用水也同样重要。打印不重要的文件时纸张可以双面利用，单面打印的纸张使用完毕后用反面做草稿纸。尽量选购墨仓式打印机。网购会消耗许多纸盒、塑料包装、柴油和电力，可适当降低频率，提高单次购买量，减少冲动消费。家庭使用的日用化学品尽量购买大分量装的，后续尽量靠袋装补充，这样可以减少使用塑料瓶。

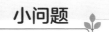

小问题

为什么节约用水有助于碳中和事业？

（四）做好垃圾分类

人们应当响应国家号召，主动学习垃圾分类知识，积极认真地做好垃圾分类。垃圾分类对碳中和事业之所以重要，是因为分类好的垃圾往往能够发挥价值，减少碳排放；而混杂的垃圾则只能填埋或是焚烧处理，产生大量温室气体。

厨余垃圾可以在沼气池中进行厌氧发酵处理，产生沼气用于能源；也可以利用蟑螂和黑水虻等生物，将厨余垃圾消化转化为饲料蛋白，或降解成生物油和营养土，充分利用其生物质价值。从简单清洗消毒即可复用，到打碎重新变成原料，无论是哪种方式，可回收物都能节省制造这部分原料的能源和物资。有害垃圾的集中处置，不仅可以有效节约土地污染的治理成本，还能回收重金属资源。至于其他垃圾，能烧的运去资源热力电厂焚烧发电，不能烧的填埋起来也不会污染环境。

建筑垃圾若能得到妥善的集中处理，可以制成环保砖等实用建筑耗材。废旧家具集中处置后可以拆解回收木料、石料和金属。

可见，垃圾分类不仅可以节约空间，避免产生垃圾填埋气，还能产出大量物料和能源，是一举多得的降碳妙方。与接下来要说的环保活动不同，垃圾分类并不需要我们付出什么成本，仅需要在投放时稍加注意，就能达到四两拨千斤的效果。

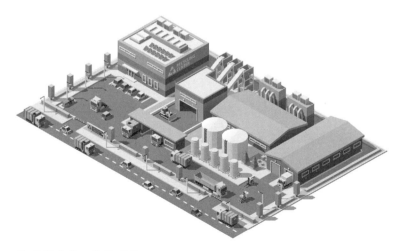

◎ 垃圾分类回收处理厂

（五）小心火烛

用火不当造成火灾，是普通人一生中可能产生最多碳排放的行为。不论是在城市，还是在山林、草原，我们都应该小心用火，尤其忌讳在有风、干燥的自然环境中生火，即便在水体边也不能掉以轻心。在家烹饪时，尽量不要离开厨房，并将油料撤离火源。露营时，我们应当在园区指定的场所，用正规的器具如卡式炉、电磁炉加热食物，并准备一小瓶干粉灭火器。上山祭祖时，不要点爆竹、烧纸。发现山火时，有条件的及早扑灭，没条件的立即报火警。

（六）合理用电

就中国目前的发展程度而言，人均用电量增大，其实就是生活水平提高的直接体现。我们家中的用电大头冰箱、空调、洗衣机、烘干机、电暖器等，还有许多小用电器如电视、电脑、电磁炉、微波炉、烤箱、电热水器、电热水壶、灯，这些全都是常用的电器，为了降低碳排放而停用，降低生活质量，实属得不偿失。在这方面，我们能做的其实只有三件事。

首先，是要配合削峰填谷用电，电发出来没人用才是最大的浪费。对于大多数职工、学生居民来说，晚上多用电，白天少用电是不难做到的事。白天降温以风扇为主，空调起到冷却作用后便关闭；晚上空调可以一直开着。白天读书看报，晚上再看电视、玩电脑。衣服可以留到睡前清洗烘干，碗筷也可以留到睡前再放进洗碗机里清洗烘干，用豆浆机、电饭煲做早餐可以定时到凌晨四点启动。

全球性节能活动"地球一小时"提倡于每年 3 月的最后一个星期六当地时间 20:30—21:30，家庭及商界用户关上不必要的电灯及耗电产品一小时。这个活动的出发点是好的，但其所选的时间从削峰填谷角度看，正应当乘机多用电，毕竟发电厂可不会响应这个活动而减少发电。因此，我们应当在精神上支持该活动所传达的节能理念，在行动上抵制按其要求在特定时段集中断电的做法。

其次是要选购高能效标准的用电器，尤其是冰箱、空调、电暖器、空气净化器、灯、路由器等长时间运转的电器，选购时要注意其功率与能效。冰箱的效率会逐年降低，再加上过去节能标准不高，家中服役超过十年的冰箱就该换了。一个用电器不停不休地开一年（按365天计算），每瓦功率总计耗电8.76度，将8.76度乘以该电器的功率瓦数，再乘以当地每度的电费单价，就可以算出该用电器一年的用电费用了。

对于高能效用电器而言，电能更大程度地使对了地方，废热、噪音或不必要的振动会比低能效的低，故障率也随之下降。尽管能效高的电器往往会贵一些，但这样做不仅可以节约电费，还能降低碳排放，长远来说利大于弊。

最后是节约用电。其实想必并没有几个人会故意去浪费电，一般人只需要多加注意别让电器空转、白转即可。有一些节电的小技巧倒是可以学习。比如，空调的26℃是一个体感分水岭，27℃就会觉得温，25℃则会觉得凉，所以一般将空调温度维持在26℃～26.5℃较为合适。在客厅开空调，可以同时开电风扇增加一股穿堂风，使整个空间温度均匀，给空调提供更加准确的判断，从而达到省电的效果。若确定离开房间半小时内就能回来，不必关掉空调。冰箱既不能太空也不能太满，食物与食物间留有距离，不想吃的食物及时处理掉。洗衣机不要塞满衣服，装七成即可。有的老旧机顶盒功率比较高，相当于一盏灯，所以应先关机顶盒后再关电视，以免因遗忘而未关。

小问题 🌱

你还知道哪些节约用电的小妙招？

（七）合理出行

居民应积极降低交通碳排放。如果你驾驶一辆百公里平均油耗 20 升的燃油车在拥堵的城市中通勤，你在别的地方再节能降碳也都是白搭。

短途出行按距离远近建议使用电动摩托车、电动自行车、自行车、平衡车或步行。

中途出行，如城市范围内或相邻的城市间，按距离远近建议使用电动汽车、出租车（现在电动替代率已经很高了，一辆车两班倒、三班倒的司机才喜欢用油车跑出租）、地铁和公交车。从时间成本、金钱成本和碳排放综合考量，地铁＋出租车的方案在大城市也许是最优的。

长途出行目前按距离远近建议使用高铁、混动汽车或大巴，节假日可以考虑燃油汽车，非节假日可以考虑电动汽车。1000 公里以上赶时间建议使用飞机，不过考虑到机场位置偏远和航班延误，乘坐飞机不见得比高铁快。

（八）应对涨价

有一个切实的重大变化我们必须要做好准备，那就是一切高碳排放的产品，以及经长途物流送抵手中的产品，都将不同程度地涨价。这是因为碳排放权，不论是我国的还是别国的，都将越来越贵，而企业不会任由其挤占它们本就不多的利润，势必将其堆叠在终端零售价上。不过大家也不必太担心，大部分生活必需品基本上不会大幅涨价。如国产的粮油、蔬菜、水果因为产生了净碳汇，企业能通过碳汇交易获取收益，有可能将部分利润让利给消费者，从而降低售价，至少不会因为碳汇相关成本而涨价。如果你是一位村民，想要在自家宅基地盖房子，那钢筋水泥大理石可就贵上天了，搞不好价格都能赶上县城小区一套大平层的房价。同理，新能源汽车的用车成本将随着清洁能源的普及而下降，而购车成本则将随着材料价格上涨而上升。锅碗瓢盆、塑料玩具、电子产品、日用品等则要看情况，即到底是清洁能源驱动的自动化生产削减的成本多，还是原材料的碳排放成本增加得多。乘飞机和远洋轮船出行会更贵。

在可预见的未来，碳排放权涨价会在一定程度上影响中国人，但相对其他国家而言其实算小的。因为中国有着全球最完备的工业体系，绝大部分商品都能在这套体系内以尽可能低的碳排放自产，然后流入全国统一大市场。而且别忘了，2060年正是轮到独生子女当老人的时候，中国可没有现在这么多人。在人口少的情况下，发电、资源采集和生产越是自动化，产能越是过剩，定价便越是低廉。而那些大多数产品靠进口的国家的老百姓，富也罢穷也罢，可就要苦惨了。

这将是一场阵痛，其根源是缓慢增长的碳汇尚不足以覆盖即便正在日益收缩的碳排放。直到碳中和为止，碳排放权都将是一种稀缺资源，而且它的稀缺性还会与日俱增，就像孙悟空头上的紧箍儿会越勒越紧。什么时候这场阵痛才会结束呢？很难说，这取决于碳中和以后，年净碳汇量的增幅。如果接下来净碳汇量快速增长——尽管这不太可能，但谁知道未来人在2065年会发明什么高科技呢——那么对碳排放的容许度就会放宽，碳排放权就会降价。但它终究不会归零，除非那些未来科技高妙得离谱。

碳中和事业以结果论，最终还是要回归到以人为本，不能以人的幸福为代价。在省力、省事、舒爽、富足的同时，要如何将低碳理念渗透进各种各样的生活细节中去，实实在在地节能降碳，则考验着大家的生活智慧。最后别忘了，人一生要呼出的二氧化碳可达 20 余吨，既然它必不可少，那么过好有意义有价值的一生，也是一种节能降碳的重要行动。

六、我要投身环保事业

　　总的来说，任何有益于提高地球生态圈活跃度的活动，都能够对碳中和事业作出积极贡献，其中环保活动是我们每一个人都能参与的活动。你可以在互联网平台、社区聊天群或街道公告栏里找到这类活动的举办信息，其中与碳中和密切相关的主题，有以下这些。

（一）种植活动

　　参与种植活动是创造碳汇最直接的方式，从最简单的阳台改造或花园改造开始，养些花草木，参与植树造林或为植树造林项目捐款，都可以或多或少地增加碳汇。另外，一些研学基地、农家乐、农庄等机构会向游客开放农业劳动体验项目，大家可以在周末、节假日去体验，亲手为社会贡献碳汇。

（二）爱护海洋

　　海洋生态的活跃度决定了藻类对二氧化碳的吸收量。而海洋垃圾则对海洋生物造成了威胁。中国有着约 1.8 万公里的大陆海岸线，海岸线附近聚集了中国 40% 以上的人口，许多生活垃圾容易渗入海洋生态，造成不良影响。对此，我们可以积极参与收集海滩垃圾的活动。

（三）为环保发声

让更多的人了解碳达峰、碳中和的概念也很重要。我们可以参与形式多样的环保宣传公益活动。另外，国家监管部门欢迎群众协助监督违法排污行为，大家如果发现有工厂偷排废水、废气、废渣，应当及时拨打 12345 政务服务便民热线或 12369 环保举报热线举报。

小问题

你最近一次参加的环保活动的内容是什么？请谈谈你的感想。

结　语

　　进入二十世纪，人类仿佛穿过了田园牧歌之扉，来到了一片冰湖面前。经过了百万年进化史与万年文明史，人类终于成长到能独自在冰面上行走的地步。起初，人类握着地球母亲给予的"馈赠"——化石能源，一边肆意享用着，一边带着因无知而生的自信昂首阔步。很快，人类便发现，自己的体重已足以在冰面上留下浅浅的脚印。

　　但是，那时候人类太忙、太忙了。人类忙着革命，忙着打仗，忙着生产建设，忙着填满欲壑，忙着仰望星空。就是没有抽空好好看看脚下，细看那大踏步踩出的裂隙。随着人类长得越来越胖，一脚踩穿冰面、跌入湖中溺死的危险就越来越大。直到有一天，人类终于发现自己再不缩食、锻炼从而减肥，就没有机会安全跨越这冰湖，抵达星光璀璨的彼岸。

　　在不久的将来，孩子们，就轮到你们来当这个小胖墩了。我们会

◎ 赓续事业

竭尽所能弥补前人的过错并帮助你们。但最终，还是要靠你们自强自救，然后将一具更轻快更敏捷的身躯交给你们的孩子。

碳达峰，是我们的分内事；而碳中和，就是你们的分内事了。你们要走出舒适圈，结束化石能源剧烈燃烧史，完成一次飞跃式的进步。这条路注定道阻且长，要付出无数的牺牲，动用无穷的智慧，但这一切都是为了行稳致远。

终有一日，你们的子孙将在彼岸，享受着融合科技与自然的新的"馈赠"，轻松自在地漫步。当他们回首来时路，就会感叹：自己失掉的不过是一副臃肿丑陋的皮囊，得到的却是一望无际的沃土。

在那美好的未来，大部分电力由核聚变发电网络供应，整个文明的年均能耗是今天的数万倍之多。人们大口喝酒，大口吃肉，穷奢极欲，好不快活。那时，人们早已不再顾虑节能降碳的限制，转而醉心于挑战那些需要海量资源方能成就的伟业。陆地被广袤的花园和巨大的机械设施所覆盖；海洋中遍布着受控于调节化学环境程序的机器人；人造天穹环抱着大半个地球，通过太空电梯向地面输送截获的部分太阳能。地震、火山、海啸、风暴的部分能量被就地转化，用于维护周边环境。人们甚至有能力调控局部地区的实时气温与湿度。所有的环境危机都成了古老的传说，火星也已经完成了地球化改造。而这一切的前提，都在于我们今天按时克服了每一个困难。

最后，用 2020 年 12 月 12 日国家主席习近平在气候雄心峰会上的讲话作为总结："'天不言而四时行，地不语而百物生。'地球是人类共同的、唯一的家园。让我们继往开来、并肩前行，助力《巴黎协定》行稳致远，开启全球应对气候变化新征程！"